COLLECT

Denis **Baude** • Yve

CW01667752

SVT 2de

SCIENCES de la VIE et de la TERRE
ÉDITION 2015

Livre du professeur

Sous la direction de Denis Baude et Yves Jusserand,
ce livre a été écrit par :

Adeline André
Cécile Barbier
Denis Baude
Christophe Brunet
Jean-Yves Dupont
Maxime Faivre
Bruno Forestier
Gilles Gutjahr
Yves Jusserand
Guy Lévêque
Claude Lizeaux
Armelle Mathevet
Aurélie Ménard-Parrod
Benoît Merlant
Paul Pillot
Stéphane Rabouin
Philippe Roger
Isabelle Roux
André Vareille

Bordas

Sommaire

ISBN 978-2-04-733205-4

Programme de Sciences de la Vie et de la Terre en classe de Seconde générale et technologique

(Bulletin officiel spécial n° 4 du 29 avril 2010)

I. LES SCIENCES DE LA VIE ET DE LA TERRE AU LYCÉE

1. Les sciences de la vie et de la Terre dans le parcours de l'élève en lycée

- ***Les objectifs de l'enseignement des sciences de la vie et de la Terre***

Au lycée, les sciences de la vie et de la Terre sont une voie de motivation et de réussite pour la poursuite de la formation scientifique après le collège et la préparation à l'enseignement supérieur ; elles participent également à l'éducation en matière de santé, sécurité, environnement, de tout élève qui choisira une orientation vers des filières non scientifiques. La discipline vise trois objectifs essentiels :

– **aider à la construction d'une culture scientifique commune** fondée sur des connaissances considérées comme valides tant qu'elles résistent à l'épreuve des faits (naturels ou expérimentaux) et des modes de raisonnement propres aux sciences ;

– **participer à la formation de l'esprit critique et à l'éducation citoyenne** par la prise de conscience du rôle des sciences dans la compréhension du monde et le développement de qualités intellectuelles générales par la pratique de raisonnements scientifiques ;

– **préparer les futures études supérieures** de ceux qui poursuivront sur le chemin des sciences et, au-delà, les métiers auxquels il conduit ; aider par les acquis méthodologiques et techniques ceux qui s'orienteront vers d'autres voies.

- ***Trois thématiques structurantes***

Pour atteindre ces objectifs, les programmes s'articulent autour de trois grandes thématiques qui, dans une large mesure, ne sont pas indépendantes.

La Terre dans l'Univers, la vie et l'évolution du vivant. Il s'agit de montrer – dans le cadre des domaines propres aux sciences de la vie et de la Terre – que la science construit, à partir de méthodes d'argumentation rigoureuses fondées sur l'observation du monde, une explication cohérente de son état, de son fonctionnement et de son histoire. Au-delà de la perspective culturelle, cette ligne de réflexion prépare aux métiers les plus proches des sciences fondamentales (recherche, enseignement).

Enjeux planétaires contemporains. Il s'agit de montrer comment la discipline participe à l'appréhension rigoureuse de grands problèmes auxquels l'humanité d'aujourd'hui se trouve confrontée. Au-delà de la préoccupation citoyenne qui prépare chacun à l'exercice de ses responsabilités individuelles et collectives, la perspective utilisée ici conduit aux métiers de la gestion publique, aux professions en lien avec la dynamique de développement durable et aux métiers de l'environnement (agronomie, architecture, gestion des ressources naturelles).

Corps humain et santé. Centrée sur l'organisme humain, cette thématique permet à chacun de comprendre le fonctionnement de son organisme, ses capacités et ses limites. Elle prépare à l'exercice des responsabilités individuelles, familiales et sociales et constitue un tremplin vers les métiers qui se rapportent à la santé (médecine, odontologie, diététique, épidémiologie).

Ces trois thématiques ne sont en rien des catégories rigides mais bien des directions de réflexion. Elles ne se substituent pas aux découpages traditionnels de la discipline (biologie et géologie par exemple) et conduisent à la découverte progressive des grands domaines qu'elle recouvre. En particulier, les sciences de la Terre conservent une originalité qu'il convient de ne pas nier. Les thèmes généraux aident à montrer la cohérence globale du champ intellectuel concerné, centré sur un objet d'étude – la nature – et des méthodes fondées sur la confrontation entre les idées scientifiques et les faits – naturels ou expérimentaux. Elles aident aussi à situer l'enseignement dispensé dans la perspective de la construction d'un projet de vie propre à chaque élève.

Dans chaque thématique, la construction des savoirs se réalise peu à peu tout au long de la scolarité. Cette continuité est conçue pour faciliter la progressivité des apprentissages, sans pour autant empêcher la souplesse nécessaire à l'élaboration d'un parcours de formation pour chaque élève.

- ***Les sciences de la vie et de la Terre dans le nouveau lycée***

L'enseignement des sciences de la vie et de la Terre prend en compte les objectifs généraux de la réforme des lycées.

Pour participer à l'affirmation du **caractère généraliste de la Seconde**, le programme de sciences de la vie et de la Terre fait le choix d'aborder une palette de thèmes variés et, par conséquent, accepte de ne pas trop les approfondir. Il s'agit de montrer la diversité des sujets qu'abordent les sciences de la vie et de la Terre dans l'espoir que chaque élève y trouvera matière à répondre à ses attentes. Les bases ainsi établies, le plus souvent à partir d'étude d'exemples concrets et motivants, conduiront, dans les classes ultérieures, à des approfondissements, des généralisations, des approches complémentaires. Ces bases larges permettront à l'élève de déterminer ses choix pour le cycle terminal en connaissance de cause.

Pour participer à une **meilleure information des élèves** sur les possibilités qui s'offrent à eux, au-delà même du lycée, le programme s'organise, comme cela a été souligné, autour de thématiques qui aident au repérage de grands secteurs d'activités professionnelles. En outre, chaque fois que cela sera possible, les professeurs saisiront les occasions offertes afin d'attirer l'attention sur des métiers plus précis, dont l'exercice professionnel présente un certain rapport avec les questions abordées en classe.

Pour participer à la **facilitation des corrections de trajectoires**, le programme sera organisé en prenant en compte trois préoccupations. Certaines thématiques abordées seront communes aux classes de Première scientifiques et non scientifiques (avec un niveau de précision différent). Certaines thématiques de classe de Première scientifique seront traitées de telle sorte que seules leurs conclusions les plus générales soient nécessaires en terminale. Certaines thématiques de terminale scientifique se situeront directement dans la continuité des acquis de la classe de Seconde.

Pour participer à la **prise en compte de la diversité des élèves**, une grande marge de liberté est laissée aux professeurs, seuls à même de déterminer les modalités pédagogiques adaptées à leur public. En outre, il est toujours possible de diversifier les activités à l'intérieur d'une même classe pour traiter un même point du programme.

2. Les conditions d'exercice de la liberté pédagogique du professeur

Le programme est conçu pour laisser une **très large place à la liberté pédagogique** du professeur et/ou de l'équipe disciplinaire. Cette liberté porte sur les **modalités didactiques** mises en œuvre, sur l'**ordre** dans lequel seront étudiés les thèmes, sur les exemples choisis ainsi que, dans une mesure raisonnable, sur l'**ampleur de l'argumentation** développée dans le cadre de tel ou tel sujet. C'est pour respecter la liberté de choix d'exemples que les objectifs de formation sont définis avec un grand degré de généralité. Ces exemples, toujours localisés, seront choisis, pour certains au moins, dans un contexte proche.

Néanmoins, la liberté pédagogique ne saurait émanciper des objectifs de formation rappelés ci-dessus. Pour aider à atteindre ces objectifs, quelques principes didactiques généraux sont rappelés ci-dessous, dont il convient de faire un usage adapté.

• *Les compétences : une combinaison de connaissances, capacités et attitudes*

L'acquisition des connaissances reste un objectif important de l'enseignement, mais il doit être replacé dans un tout dont font aussi partie, capacités et attitudes. L'affirmation de l'importance de cette formation intellectuelle et humaine explique le niveau de généralité des exigences de connaissances. **Connaissances, capacités et attitudes sont trois objectifs de formation de statuts également respectables.** Ceci conduit à leur porter la même attention au moment de la conception des mises en œuvre pédagogiques, y compris les évaluations. Celles-ci prendront en compte, chaque fois que possible, ces trois objectifs de formation.

Si les connaissances scientifiques à mémoriser sont raisonnables, c'est pour permettre aux enseignants de consacrer du temps à faire comprendre ce qu'est le savoir scientifique, son mode de construction et son évolution au cours de l'histoire des sciences.

• *La démarche d'investigation*

La poursuite des objectifs de formation méthodologique implique généralement que l'on mette en œuvre une pédagogie active, au cours de laquelle **l'élève participe** à l'élaboration d'un projet et à la construction de son savoir. La démarche d'investigation, déjà pratiquée à l'école primaire et au collège, prend tout particulièrement son sens au lycée et s'appuie le plus souvent possible sur des travaux d'élèves en laboratoire. **Des activités pratiques, envisageables pour chacun des items du programme, seront mises en oeuvre chaque fois que possible.** Le professeur s'assurera que les élèves utilisent des méthodes et outils différenciés sur l'ensemble de l'année. Ainsi, chaque élève rencontrera dans les meilleures conditions l'occasion d'aller sur le terrain, de disséquer, de préparer et réaliser des observations microscopiques, d'expérimenter avec l'aide d'un ordinateur, de modéliser, de pratiquer une recherche documentaire en ligne, etc.

L'activité expérimentale offre la possibilité à l'élève de répondre à une situation-problème par la **mise au point d'un protocole, sa réalisation, la possibilité de confrontation entre théorie et expérience, l'exploitation des résultats**. Ainsi, l'élève doit pouvoir élaborer et mettre en œuvre un protocole comportant des expériences afin de vérifier ses hypothèses, faire les schématisations et les observations correspondantes, réaliser et analyser les mesures, en estimer la précision et écrire les résultats de façon adaptée.

Il est d'usage de décrire une démarche d'investigation comme la succession d'un certain nombre d'étapes types :
- une situation motivante suscitant la curiosité,
- la formulation d'une problématique précise,
- l'énoncé d'hypothèses explicatives,
- la conception d'une stratégie pour éprouver ces hypothèses,
- la mise en œuvre du projet ainsi élaboré,
- la confrontation des résultats obtenus et des hypothèses,
- l'élaboration d'un savoir mémorisable,
- l'identification éventuelle de conséquences pratiques de ce savoir.

Ce canevas est la conceptualisation d'une démarche type. Le plus souvent, pour des raisons variées, il convient d'en **choisir quelques aspects pour la conception des séances**. C'est là aussi un espace de liberté pédagogique pour le professeur qui vérifiera toutefois qu'à l'issue de l'année, les différentes étapes auront bien été envisagées.

Pour que la démarche d'investigation soit un réel outil de formation, une vision qualitative plutôt que quantitative est préférable : mieux vaut argumenter bien et lentement qu'argumenter mal et trop vite. Cette démarche constitue le cadre intellectuel approprié pour la mise en œuvre d'activités de laboratoires, notamment manipulatoires et expérimentales, indispensables à la construction des savoirs de la discipline.

• *Les technologies de l'information et de la communication*

Les technologies de l'information et de la communication seront mises en oeuvre en de nombreuses circonstances.

Il pourra s'agir de technologies généralistes dont on fera ici un usage spécialisé, notamment **internet** en utilisation conjointe avec des techniques de laboratoire classiques. Mais on veillera aussi à développer les savoir-faire des élèves relativement aux technologies plus spécialisées, comme l'**expérimentation assistée par ordinateur**, technique indispensable pour une formation moderne et efficace des élèves.

L'usage de **logiciels, généralistes ou spécialisés**, est encouragé. Les sciences de la vie et de la Terre participent à la préparation du B2i niveau lycée.

Les productions pédagogiques, les travaux d'élèves, gagneront à être exploités, en classe et hors de la classe dans le cadre d'un **environnement numérique de travail** (ENT).

• *La pratique de démarches historiques*

L'approche historique d'une question scientifique peut être une **manière originale de construire une démarche d'investigation.** L'histoire de l'élaboration d'une connaissance scientifique, celle de sa modification au cours du temps, sont des moyens utiles pour comprendre la nature de la connaissance scientifique et son mode de construction, avec ses avancées et éventuelles régressions. Il conviendra de veiller à ce que cette approche ne conduise pas à la simple évocation d'une succession événementielle et à ne pas caricaturer cette histoire au point de donner une fausse idée de la démonstration scientifique : si certains arguments ont une importance historique majeure, il est rare qu'un seul d'entre eux suffise à entraîner une évolution décisive des connaissances scientifiques ; de même, il serait vain de prétendre faire « réinventer » par les élèves, en une ou deux séances, ce qui a nécessité le travail de plusieurs générations de chercheurs.

• *L'approche de la complexité et le travail de terrain*

Le travail de terrain est un moyen privilégié pour **l'approche de situations complexes réelles.** Le programme de Seconde comporte plusieurs items qui se prêtent bien à la réalisation d'un travail hors de l'établissement (sortie géologique, exploration d'un écosystème, visite de musée scientifique, d'entreprise, de laboratoire). Un tel déplacement permettra souvent de collecter des informations utiles pour plusieurs points du programme et susceptibles d'être exploitées à plusieurs moments de l'année. Un tel travail de terrain doit s'exercer en cohérence avec un projet pédagogique pensé dans le contexte de l'établissement.

Les activités en laboratoire doivent aussi être l'occasion d'aborder des tâches complexes. À partir d'une question globale elles sont l'occasion de développer les compétences des élèves et leur autonomie de raisonnement.

• *L'autonomie des élèves et le travail par atelier*

Le lycéen, dès la Seconde, doit se préparer à **une autonomie de pensée et d'organisation qui lui sera indispensable pour réussir ses études supérieures.** Les travaux pratiques se prêtent particulièrement au développement de cette compétence. Pour y parvenir, il est bon de concevoir les séances afin que l'élève dispose d'une certaine marge de manœuvre dans la construction de sa démarche.

La liberté de choix sera parfois exploitée en différenciant les exemples étudiés au sein d'une même classe. Chaque groupe d'élèves a alors en charge l'organisation autonome de son travail, sous la conduite du professeur. Échanges et débats conduisent ensuite à tirer des conclusions plus générales que l'étude collective d'un exemple unique ne le permettrait. Ils sont en outre l'occasion de développer les qualités d'expression et d'écoute.

• *L'évaluation des élèves*

Dès la classe de Seconde, les évaluations formatives jouent un rôle important pour aider les élèves à s'adapter à leur nouveau cadre de travail.

Les dimensions **diagnostique, formative** et **sommative** en termes de connaissances, de capacités et d'attitudes ont chacune leur utilité. Le professeur choisit des supports pertinents afin d'aider les élèves le long de leur parcours. Il facilite ainsi un accompagnement personnalisé permettant un suivi des apprentissages et une orientation éclairée.

Sans exagérer le temps annuel consacré à l'évaluation sommative, il convient de concevoir des contrôles réguliers, de durées variées et ciblés sur quelques compétences bien identifiées qui varient d'un contrôle à l'autre. L'organisation précise des évaluations dépend de la classe et constitue, tout au long du lycée, un cheminement progressif qui conduit au baccalauréat.

Les activités pratiques individuelles des élèves, qu'il convient de développer chaque fois que possible, sont également l'occasion d'évaluer les acquisitions des capacités techniques et expérimentales. Non seulement le suivi de l'acquisition de capacités expérimentales permet de vérifier le développement d'une forme de rigueur de raisonnement spécifique aux sciences expérimentales, mais encore, c'est une préparation progressive, indispensable dès la classe de Seconde, à une forme d'évaluation que les élèves pourront rencontrer au baccalauréat et au cours de leurs études supérieures. L'évaluation de la capacité à communiquer à l'oral est à renforcer.

3. Les sciences de la vie et de la Terre, discipline d'ouverture

Les sciences de la vie et de la Terre sont une discipline ouverte sur les grands problèmes de la société contemporaine, comme le montrent les intitulés du programme eux-mêmes.

- ***Les préoccupations éducatives***

Les nombreuses connexions avec les objectifs éducatifs transversaux (santé, environnement, etc.) seront mises en évidence le plus souvent possible.

- ***La convergence avec d'autres disciplines***

Au-delà de la parenté avec les autres sciences expérimentales que sont les sciences physiques et chimiques, les programmes de sciences de la vie et de la Terre fournissent l'occasion d'interactions avec d'autres disciplines, notamment avec les mathématiques (par la formalisation utilisée et la sensibilisation à une approche statistique), la géographie (thèmes de l'énergie et de l'eau) et l'EPS (thème activité physique).

- ***L'histoire des arts***

En continuité avec les préconisations contenues dans les programmes de collège, il est bon de souligner que les sciences de la vie et de la Terre peuvent être l'occasion d'intéressantes relations avec l'enseignement d'histoire des arts. Les professeurs choisiront, en cohérence avec le mode d'organisation de l'enseignement de l'histoire des arts dans l'établissement, les modalités d'interactions qui leur conviennent.

Plusieurs sujets abordés dans le programme s'y prêtent, bien que le choix soit fait de ne pas le souligner au cas par cas le long du déroulé du programme afin de laisser toute liberté de mise en œuvre aux équipes.

À titre d'exemple, on peut citer les évocations littéraires de la biodiversité ou sa représentation picturale ; la statuaire du corps humain au cours d'un exercice sportif. Les évocations littéraires de la vie des mineurs renseignent sur des conditions d'exploitations souvent révolues aujourd'hui. La représentation d'animaux ou végétaux actuels ou disparus met en scène un dialogue entre les connaissances scientifiques et les pratiques artistiques ; etc.

II. LES SCIENCES DE LA VIE ET DE LA TERRE EN SECONDE

En classe de Seconde, les trois thématiques présentées dans le préambule général pour le lycée se déclinent ainsi.

Dans le thème « La Terre dans l'Univers, la vie et l'évolution du vivant », selon une logique d'approfondissement des acquis du collège, on étudie successivement les **caractéristiques de la Terre** qui permettent de comprendre que la vie s'y développe, quelques originalités de **fonctionnement et d'organisation du vivant** et quelques idées sur la **biodiversité et son origine évolutive**.

Pour aborder le thème des « enjeux planétaires contemporains » on s'intéresse à certains aspects de la **question énergétique** ainsi qu'au défi que représente, en matière de **ressources en sol**, le développement d'une agriculture qui répond aux besoins de l'humanité.

Enfin le thème « corps humain et santé » est envisagé dans le cadre d'un exercice physique.

La liberté pédagogique du professeur est particulièrement grande en classe de seconde : il peut ainsi adapter ses pratiques et ses choix à la diversité des publics et des conditions locales. Il est souhaitable que les thèmes du programme soient abordés d'une manière suffisamment équilibrée. En revanche, dans chaque thème, le professeur est libre, tout en abordant la globalité des contenus, de choisir l'ordre des apprentissages et de déterminer les aspects sur lesquels il choisit de proposer une argumentation plus approfondie, en s'appuyant sur les méthodes, notamment manipulatoires et expérimentales, qu'il choisit de mettre en oeuvre.

Programme

Le programme est présenté en deux colonnes. Chaque thème comporte une brève introduction qui en indique l'esprit général.

La colonne de gauche liste les connaissances (en caractère droit) qui doivent être acquises par les élèves à l'issue de la classe de seconde. On remarquera que ces connaissances sont toujours très générales. Il va de soi qu'elles auront été construites dans le cadre d'études d'exemples précis. Néanmoins, il convient d'insister sur le fait que **c'est bien ce niveau de généralité qui représente l'exigible** et définit donc le contenu, en matière de connaissances et d'évaluation. L'objectif de la classe de seconde est d'assurer la solidité des acquis du collège, d'apporter un nombre limité d'éléments nouveaux et de préparer ainsi la suite de la scolarité en lycée.

En italique, la colonne de gauche comporte aussi quelques commentaires qui précisent et limitent les objectifs d'apprentissage, lorsque cela paraît nécessaire :

– en italique simple, quelques **précisions sur les objectifs et mots clés** (ces mots clés correspondent à des notions qui n'ont pas été placées directement dans le programme pour de simples questions d'écriture, mais qui doivent être connues des élèves) ;

– entre parenthèses, des indications sur **ce qui a déjà été étudié** et qui ne sera pas reconstruit en seconde (ces acquis peuvent cependant être rappelés) ;

– entre crochets, quelques limites, chaque fois qu'il a semblé nécessaire de rendre parfaitement explicite ce jusqu'où ne doit pas aller l'exigible (il s'agit bien de limites de ce qui est exigible pour les élèves, ce qui ne veut pas dire qu'il est interdit d'en parler dans le déroulement de la construction du savoir) ;

– les convergences les plus marquantes vers d'autres disciplines (ces relations ne sont pas indiquées de façon exhaustive).

La **colonne de droite indique les capacités et attitudes** dont on attend qu'elles soient développées dans le cadre de l'item décrit.

En préambule du programme, une liste de **capacités et attitudes générales** est présentée. Il s'agit de capacités et attitudes communes à la plupart des items qui ne sont donc en général pas reprises par la suite. Il convient cependant de ne pas les oublier et d'organiser leur développement sur l'ensemble de l'année.

On observera que, par souci de continuité et de cohérence, le vocabulaire utilisé pour décrire les capacités et attitudes mises en œuvre s'inspire fortement de celui utilisé pour le socle commun de connaissances et de compétences du collège (BOEN n° 29 du 20 juillet 2006).

Capacités et attitudes développées tout au long du programme
– Pratiquer une démarche scientifique (observer, questionner, formuler une hypothèse, expérimenter, raisonner avec rigueur, modéliser). – Recenser, extraire et organiser des informations. – Comprendre le lien entre les phénomènes naturels et le langage mathématique. – Manipuler et expérimenter. – Comprendre qu'un effet peut avoir plusieurs causes. – Exprimer et exploiter des résultats, à l'écrit, à l'oral, en utilisant les technologies de l'information et de la communication. – Communiquer dans un langage scientifiquement approprié : oral, écrit, graphique, numérique. Percevoir le lien entre sciences et techniques. – Manifester sens de l'observation, curiosité, esprit critique. – Montrer de l'intérêt pour les progrès scientifiques et techniques. – Être conscient de sa responsabilité face à l'environnement, la santé, le monde vivant. Avoir une bonne maîtrise de son corps. – Être conscient de l'existence d'implications éthiques de la science. – Respecter les règles de sécurité. – Comprendre la nature provisoire, en devenir, du savoir scientifique. – Être capable d'attitude critique face aux ressources documentaires. – Manifester de l'intérêt pour la vie publique et les grands enjeux de la société. – Savoir choisir un parcours de formation.

Connaissances	Capacités et attitudes
Thème 1 – La Terre dans l'Univers, la vie et l'évolution du vivant : une planète habitée	
L'histoire de la Terre s'inscrit dans celle de l'Univers. Le développement de la vie sur Terre est lié à des particularités de la planète. La vie émerge de la nature inerte. Les êtres vivants possèdent une organisation et un fonctionnement propres. Leurs formes montrent une diversité immense, variable dans le temps, au gré de l'évolution.	
Les conditions de la vie : une particularité de la Terre ?	
La Terre est une planète rocheuse du système solaire. Les conditions physico-chimiques qui y règnent permettent l'existence d'eau liquide et d'une atmosphère compatible avec la vie. Ces particularités sont liées à la taille de la Terre et à sa position dans le système solaire. Ces conditions peuvent exister sur d'autres planètes qui possèderaient des caractéristiques voisines sans pour autant que la présence de vie y soit certaine. *Objectifs et mots clés. Système solaire, étoile, planète gazeuse, planète rocheuse, astéroïde, comète.* *[Limites. Différenciation du globe terrestre ; origine de la planète ; origine de la vie.]* *Convergences. Physique : l'univers, le système solaire, les états de l'eau, l'atmosphère.*	Expérimenter, modéliser, recenser, extraire et organiser des informations pour : – comparer les différents objets du système solaire et dégager les singularités de la Terre ; – relier les particularités de la planète Terre à sa masse et sa distance au Soleil et définir une zone d'habitabilité autour des étoiles.
La nature du vivant	
Les êtres vivants sont constitués d'éléments chimiques disponibles sur le globe terrestre. Leurs proportions sont différentes dans le monde inerte et dans le monde vivant. Ces éléments chimiques se répartissent dans les diverses molécules constitutives des êtres vivants. Les êtres vivants se caractérisent par leur matière carbonée et leur richesse en eau. L'unité chimique des êtres vivants est un indice de leur parenté. *(Collège. Lipides, protides, glucides.)* *[Limites. Aucune étude biochimique exhaustive n'est attendue.]* *Convergences. Chimie : les éléments chimiques, espèces chimiques, classification périodique des éléments.*	Expérimenter, modéliser, recenser, extraire et organiser des informations pour comprendre la parenté chimique entre le vivant et le non vivant. Mettre en œuvre un processus (analyse chimique et/ou logiciel de visualisation moléculaire et/ou pratique documentaire) pour repérer quelques caractéristiques des molécules du vivant.
De nombreuses transformations chimiques se déroulent à l'intérieur de la cellule : elles constituent le métabolisme. Il est contrôlé par les conditions du milieu et par le patrimoine génétique. La cellule est un espace limité par une membrane qui échange de la matière et de l'énergie avec son environnement. Cette unité structurale et fonctionnelle commune à tous les êtres vivants est un indice de leur parenté. *Objectifs et mots clés. On étudie un exemple. Mutant, organite, ordres de grandeur de tailles (cellule, organite, membrane). Distinction procaryote / eucaryote. (Collège. Membrane, noyau, cytoplasme ; information génétique, gène, allèle.)* *[Limites. Les réactions du métabolisme ; l'ultra structure des organites ; la nomenclature des organites.] Convergences. Chimie : transformations chimiques.*	Mettre en œuvre un raisonnement expérimental pour : – montrer l'effet de mutations sur le métabolisme cellulaire et comprendre le rôle du génome ; – repérer l'influence de l'environnement sur le fonctionnement d'une cellule ; – comprendre les mécanismes d'une démonstration expérimentale : comparaisons, tests, témoins. Réaliser une préparation microscopique et/ou utiliser des logiciels et/ou organiser et recenser des informations pour distinguer les échelles : atome, molécule, cellule, organe, organisme et les ordres de grandeur associés. Comparer des ultrastructures cellulaires pour illustrer la parenté entre les êtres vivants

Connaissances	Capacités et attitudes
La transgénèse montre que l'information génétique est contenue dans la molécule d'ADN et qu'elle y est inscrite dans un langage universel. La variation génétique repose sur la variabilité de la molécule d'ADN (mutation). L'universalité du rôle de l'ADN est un indice de la parenté des êtres vivants. *Objectifs et mots clés. La double hélice, nucléotide, séquence. (Collège. L'information génétique est contenue dans le noyau ; l'ADN est présent dans le noyau.)* *[Limites. Code génétique, transcription, traduction, réplication ; la transgénèse est utilisée comme méthode mais aucune connaissance sur ses mécanismes ne doit être acquise.]*	Manipuler, modéliser, recenser, extraire et organiser des informations pour mettre en évidence l'universalité de l'ADN. Mettre en œuvre une méthode (démarche historique et/ou utilisation de logiciel et/ou pratique documentaire) permettant d'approcher la structure de l'ADN et la nature du message codé.
La biodiversité, résultat et étape de l'évolution	
La biodiversité est à la fois la diversité desécosystèmes, la diversité des espèces et la diversité génétique au sein des espèces. L'état actuel de la biodiversité correspond à une étape de l'histoire du monde vivant : les espèces actuelles représentent une infime partie du total des espèces ayant existé depuis les débuts de la vie. La biodiversité se modifie au cours du temps sous l'effet de nombreux facteurs, dont l'activité humaine. *Objectifs et mots clés. On enrichit la notion de biodiversité, à l'occasion d'une sortie ou d'un travail de laboratoire. (Collège. Détermination d'espèces vivantes, première approche de la biodiversité, biodiversités anciennes.) [Limites. L'écosystème est seulement défini comme l'ensemble constitué par un milieu et les êtres vivants qui l'habitent.]*	Manipuler, extraire et organiser des informations, si possible sur le terrain, pour : – repérer les divers aspects de la biodiversité dans une situation donnée ; – mettre en évidence l'influence de l'Homme sur la biodiversité. Utiliser des outils simples de détermination d'espèces végétales ou animales (actuelles ou fossiles) pour mettre en évidence la biodiversité d'un milieu. Prendre conscience de la responsabilité humaine face à l'environnement et au monde vivant.
Au sein de la biodiversité, des parentés existent qui fondent les groupes d'êtres vivants. Ainsi, les vertébrés ont une organisation commune. Les parentés d'organisation des espèces d'un groupe suggèrent qu'elles partagent toutes un ancêtre commun. *Objectifs et mots clés. Polarité, symétrie, squelette osseux, vertèbre. (Collège. Classification en groupes emboîtés ; arbre phylogénétique.) [Limites. Les caractères communs aux vertébrés non cités dans les mots clés n'ont pas à être mémorisés.]*	Mettre en œuvre un protocole de dissection pour comparer l'organisation de quelques vertébrés. Manipuler, recenser, extraire et organiser des informations sur l'organisation de quelques vertébrés actuels et/ou fossiles.
La diversité des allèles est l'un des aspects de la biodiversité. La dérive génétique est une modification aléatoire de la diversité des allèles. Elle se produit de façon plus marquée lorsque l'effectif de la population est faible. La sélection naturelle et la dérive génétique peuvent conduire à l'apparition de nouvelles espèces. *(Collège. Première approche de la variation, crise biologique ; sélection par le milieu des formes les plus adaptées.)* *[Limites. La compréhension de la notion de dérive se limite à une première appréhension qualitative, sans formalisme mathématique, et sans en étudier les variantes. Aucun approfondissement n'est attendu.] Convergences. Mathématiques : simulation, tableur, échantillonnage.*	Manipuler, utiliser un logiciel de modélisation pour comprendre la dérive génétique. Extraire et organiser des informations pour relier crises biologiques, dérive génétique et évolution des espèces.

<table>
<tr><th>Connaissances</th><th>Capacités et attitudes</th></tr>
<tr><td colspan="2">Thème 2 – Enjeux planétaires contemporains : énergie, sol</td></tr>
<tr><td colspan="2">L'Homme a besoin de matière et d'énergie. La croissance démographique place l'humanité face à un enjeu majeur : trouver et exploiter des ressources (énergie, sol) tout en gérant le patrimoine naturel.</td></tr>
<tr><td colspan="2">Le soleil : une source d'énergie essentielle</td></tr>
<tr><td>La lumière solaire permet, dans les parties chlorophylliennes des végétaux, la synthèse de matière organique à partir d'eau, de sels minéraux et de dioxyde de carbone.
Ce processus permet, à l'échelle de la planète, l'entrée de matière minérale et d'énergie dans la biosphère.

Objectifs et mots clés. Photosynthèse, productivité primaire, biomasse.
(Collège. Première approche de la nutrition des végétaux ; réseau alimentaire.)
[Limites. Aucun mécanisme cellulaire ou moléculaire n'est attendu.]</td><td>Établir, à l'aide d'arguments expérimentaux, les grands éléments de bilan de la photosynthèse.

Recenser, extraire et organiser des informations pour prendre conscience de l'importance planétaire de la photosynthèse.</td></tr>
<tr><td>La présence de restes organiques dans les combustibles fossiles montre qu'ils sont issus d'une biomasse. Dans des environnements de haute productivité, une faible proportion de la matière organique échappe à l'action des décomposeurs puis se transforme en combustible fossile au cours de son enfouissement. La répartition des gisements de combustibles fossiles montre que transformation et conservation de la matière organique se déroulent dans des circonstances géologiques bien particulières.
La connaissance de ces mécanismes permet de découvrir les gisements et de les exploiter par des méthodes adaptées. Cette exploitation a des implications économiques et environnementales.

Objectifs et mots clés. On étudie un exemple (qui peut être un pétrole, un charbon, etc.) choisi en fonction de sa proximité ou de son intérêt ; gisement, réserve, ressource, subsidence.
(Collège. Décomposeur, roche sédimentaire, paléoenvironnement.)
[Limites. L'explication de la répartition des ressources à l'échelle globale n'est pas au programme de la classe de seconde mais sera reprise ultérieurement. On signalera l'inégale répartition et on annoncera l'étude future de cet aspect.]
Convergences. Géographie.</td><td>Repérer dans la composition et les conditions de gisement les indices d'une origine biologique d'un exemple de combustible fossile.

Manipuler, modéliser, extraire et exploiter des informations, si possible sur le terrain et/ou modéliser pour comprendre les caractéristiques d'un gisement de combustible fossile (structure, formation, découverte, exploitation).</td></tr>
<tr><td>L'utilisation de combustible fossile restitue rapidement à l'atmosphère du dioxyde de carbone prélevé lentement et piégé depuis longtemps. Brûler un combustible fossile, c'est en réalité utiliser une énergie solaire du passé. L'augmentation rapide, d'origine humaine de la concentration du dioxyde de carbone dans l'atmosphère interfère avec le cycle naturel du carbone.

[Limites. Les conséquences climatiques de la variation du dioxyde de carbone atmosphérique ne seront qu'évoquées en seconde et seront étudiées ultérieurement.]</td><td>Manipuler, modéliser, extraire et exploiter des informations pour repérer dans une archive géologique simple les indices d'une variation d'origine humaine de la teneur en dioxyde de carbone atmosphérique.

Représenter un cycle du carbone simplifié mais quantifié pour comprendre en quoi l'utilisation des combustibles fossiles constitue un enjeu planétaire.</td></tr>
</table>

<table>
<tr><th>Connaissances</th><th>Capacités et attitudes</th></tr>
<tr><td>L'énergie solaire est inégalement reçue à la surface de la planète.
La photosynthèse en utilise moins de 1 %. Le reste chauffe l'air (par l'intermédiaire du sol) et l'eau (ce qui est à l'origine des vents et courants) et évapore l'eau (ce qui permet le cycle de l'eau).
Utiliser l'énergie des vents, des courants marins, des barrages hydroélectriques, revient à utiliser indirectement de l'énergie solaire. Ces ressources énergétiques sont rapidement renouvelables.
La comparaison de l'énergie reçue par la planète et des besoins humains en énergie permet de discuter de la place actuelle ou future de ces différentes formes d'énergie d'origine solaire.

Collège. Le cycle de l'eau.
[Limites. Il s'agit seulement de proposer une vision globale, sans chercher à expliquer chacun des éléments de façon exhaustive. L'énergie nucléaire pourra simplement être signalée dans le cadre d'un panorama d'ensemble quantifié.]
Convergences. Géographie, sciences économiques.</td><td>Expérimenter, modéliser, extraire et exploiter des informations (documents météorologiques et/ou images satellitales et/ou documents océanographiques, etc.) et les mettre en relation pour comprendre l'effet de l'énergie solaire sur un exemple de circulation (atmosphérique ou hydrosphérique).

Construire une argumentation (de nature manipulatoire et/ou documentaire) pour montrer l'inégale répartition de la quantité d'énergie solaire reçue selon la latitude, et ses conséquences.</td></tr>
<tr><td colspan="2">Le sol : un patrimoine durable ?</td></tr>
<tr><td>Pour satisfaire les besoins alimentaires de l'humanité, l'Homme utilise à son profit la photosynthèse. L'agriculture a besoin pour cela de sols cultivables et d'eau : deux ressources très inégalement réparties à la surface de la planète, fragiles et disponibles en quantités limitées. Elle entre en concurrence avec la biodiversité naturelle.
La biomasse végétale produite par l'agriculture est une source de nourriture mais aussi une source de combustibles ou d'agrocarburants. Ces deux productions entrent en concurrence.

[Limites. Aucune étude de pratique agricole n'est attendue.]
Convergences. Géographie.</td><td>Modéliser, recenser, extraire et organiser des informations de façon à :
– comparer la part de production de biomasse utilisée par l'homme et le total de cette production ;
– établir l'inégale répartition de ces deux ressources. Comprendre la responsabilité humaine en matière d'environnement.

Comprendre les éléments d'un débat. Manifester un intérêt pour la vie publique et les grands enjeux de la société à l'échelle planétaire.

Modéliser, recenser, extraire et organiser des informations afin de comprendre comment l'homme intervient sur les flux naturels de biomasse et les détourne partiellement à son profit.</td></tr>
<tr><td>Un sol résulte d'une longue interaction entre les roches et la biosphère, conditionnée par la présence d'eau et la température. Le sol est lent à se former, inégalement réparti à la surface de la planète, facilement dégradé et souvent détourné de sa fonction biologique. Sa gestion est un enjeu majeur pour l'humanité.

Objectifs et mots clés. On étudie un exemple, dans l'objectif de comprendre ce qu'est un sol et qu'il résulte d'une lente formation ; altération, hydrolyse, roche mère, humus, horizon.
[Limites. Les différents types de sol ; les différents types d'horizons ; tout vocabulaire de pédologie autre que les quelques termes cités ; les mécanismes de formation du sol au-delà de la simple existence d'une altération et d'une interaction avec la biosphère.]</td><td>Manipuler, recenser, extraire et organiser des informations, si possible sur le terrain, pour :
– comprendre la formation d'un exemple de sol ;
– relier végétation, climat, nature de la roche mère et nature d'un exemple de sol.

Comprendre la responsabilité humaine en matière d'environnement.</td></tr>
</table>

Connaissances	Capacités et attitudes
Thème 3 – Corps humain et santé : l'exercice physique	
La connaissance du corps et de son fonctionnement est indispensable pour pratiquer un exercice physique dans des conditions compatibles avec la santé. Cela passe par la compréhension des effets physiologiques de l'effort et de ses mécanismes dont on étudie ici un petit nombre d'aspects.	
Des modifications physiologiques à l'effort	
Au cours d'un exercice long et/ou peu intense, l'énergie est fournie par la respiration, qui utilise le dioxygène et les nutriments. L'effort physique augmente la consommation de dioxygène : – plus l'effort est intense, plus la consommation de dioxygène augmente ; – il y a une limite à la consommation de dioxygène. La consommation de nutriments dépend aussi de l'effort fourni. L'exercice physique est un des facteurs qui aident à lutter contre l'obésité. *Objectifs et mots clés. VO2, VO2max.* *(Collège. Nutriments et dioxygène libèrent de l'énergie utilisable pour le fonctionnement des organes. Réactions de l'organisme à l'effort).* *[Limites. Aucune étude n'est conduite à l'échelle cellulaire.]* *Convergences. Mathématiques : fonctions, tableur.*	Concevoir et/ou mettre en œuvre un protocole expérimental (ExAO, spirométrie, brassard…) pour mettre en évidence un ou plusieurs aspects du métabolisme énergétique à l'effort (consommation de dioxygène, production de chaleur…). Exploiter des données quantitatives (éventuellement à l'aide d'un tableur) concernant les modifications de la consommation de dioxygène et/ou de nutriments à l'effort.
Au cours de l'effort un certain nombre de paramètres physiologiques sont modifiés : fréquence cardiaque, volume d'éjection systolique (et donc débit cardiaque) ; fréquence ventilatoire et volume courant (et donc débit ventilatoire) ; pression artérielle. Ces modifications physiologiques permettent un meilleur approvisionnement des muscles en dioxygène et en nutriments. L'organisation anatomique facilite cet apport privilégié. Un bon état cardiovasculaire et ventilatoire est indispensable à la pratique d'un exercice physique. *Objectifs et mots clés. Cœur, artère, veine, capillaire, pression artérielle, double circulation en série, circulation générale en parallèle.* *(Collège. Modifications des fréquences cardiaque et ventilatoire à l'effort ; besoin du muscle en dioxygène et nutriments ; bases anatomiques.)* *[Limites. L'étude anatomique se limite à celle du coeur et de l'organisation générale de la circulation. Aucune étude histologique n'est attendue.]* *Convergences. EPS, sciences physiques.*	Concevoir et/ou mettre en oeuvre un protocole expérimental (en particulier assisté par ordinateur) pour montrer les variations des paramètres physiologiques à l'effort. Manipuler, modéliser, recenser, extraire et organiser des informations et ou manipuler (dissections et/ou logiciels de simulation et/ou recherche documentaire) pour comprendre l'organisation et le fonctionnement des systèmes cardiovasculaire et ventilatoire.

<table>
<tr><th>Connaissances</th><th>Capacités et attitudes</th></tr>
<tr><td colspan="2">Une boucle de régulation nerveuse</td></tr>
<tr><td>La pression artérielle est une grandeur contrôlée par plusieurs paramètres. Par exemple, il existe une boucle réflexe de contrôle de la fréquence cardiaque (dont la pression artérielle dépend par l'intermédiaire du débit) :
– des capteurs (barorécepteurs) sont sensibles à la valeur de la pression artérielle ;
– un centre bulbaire intègre les informations issues des barorécepteurs et module les messages nerveux en direction de l'effecteur (cœur) ;
– les informations sont transmises du centre à l'effecteur par des nerfs sympathiques et parasympathiques. La boucle de régulation contribue à maintenir la pression artérielle dans d'étroites limites autour d'une certaine valeur.
À l'effort, l'organisme s'écarte de cette situation standard.

Objectifs et mots clés. À partir de la complexité des réactions de l'organisme à l'effort, on isole un seul aspect (le contrôle nerveux de la fréquence cardiaque dans le cadre de la régulation de la pression artérielle) afin de construire le concept de boucle de régulation.
[Limites. Tout autre mécanisme intervenant sur la régulation de la pression artérielle ; on pourra signaler que l'on n'étudie que l'un des éléments d'un ensemble complexe qui sera complété dans une classe ultérieure. Toute étude à l'échelle cellulaire du fonctionnement des récepteurs, des fibres nerveuses, du bulbe ou des effets nerveux sur le cœur ; les médiateurs nerveux. Le message nerveux est vu simplement comme un train de signaux de nature électrique. Le mode de détermination de la valeur de la pression artérielle selon les circonstances n'est pas au programme.]</td><td>Recenser, extraire et exploiter des documents historiques relatifs à des travaux expérimentaux pour construire et/ou argumenter la boucle de régulation nerveuse évoquée.

Élaborer un schéma fonctionnel pour représenter une boucle de régulation.</td></tr>
<tr><td colspan="2">Pratiquer une activité physique en préservant sa santé</td></tr>
<tr><td>Le muscle strié squelettique et les articulations constituent un système fragile qui doit être protégé. Les accidents musculo-articulaires s'expliquent par une détérioration du tissu musculaire, des tendons, ou de la structure articulaire.
Au cours de la contraction musculaire, la force exercée tire sur les tendons et fait jouer une articulation, ce qui conduit à un mouvement.

Objectifs et mots clés. On étudie un exemple d'accident musculo-articulaire (claquage, entorse, déchirure…). La recherche de l'explication de l'accident choisi conduit à en connaître l'origine et débouche sur la compréhension de la structure normale du système musculo-articulaire. L'organisation d'un muscle est abordée jusqu'à l'identification de la cellule musculaire.
[Limites. Toute étude intracellulaire de la fibre musculaire ou de sa contraction est exclue.
La commande de la contraction n'est pas au programme.]</td><td>Recenser, extraire et interpréter des informations tirées de compte rendus d'accidents musculo-articulaires (imageries médicales).

Manipuler, modéliser, recenser, extraire et organiser des informations et/ou manipuler (dissections, maquettes, etc.) pour comprendre le fonctionnement du système musculo-articulaire.

Relier les caractéristiques de l'organisation du muscle aux manifestations d'un accident musculo-articulaire.</td></tr>
<tr><td>Des pratiques inadaptées ou dangereuses (exercice trop intense, dopage…) augmentent la fragilité du système musculo-articulaire et/ou provoquent des accidents.

[Limites. On se limite à l'étude d'un exemple.]</td><td>Extraire et exploiter des informations pour :
– comprendre la différence entre l'usage thérapeutique d'une molécule et l'usage détourné qui peut en être fait ;
– comprendre l'effet sur la santé des sportifs d'une pratique de dopage ;
– déterminer comment se livrer à un exercice physique dans de bonnes conditions de santé.
Exercer sa responsabilité en matière de santé.</td></tr>
</table>

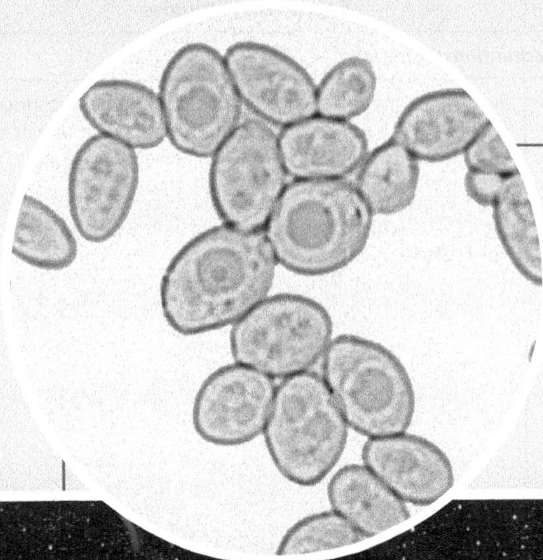

Les chapitres

PARTIE 1

La Terre, la vie et l'évolution du vivant

Partie 1 La Terre, la vie et l'évolution du vivant

Les objectifs généraux de cette partie

Selon les textes officiels, les trois grandes parties du programme de la classe de Seconde doivent être abordées d'une manière équilibrée. Il apparaît donc raisonnable de consacrer un gros tiers du temps annuel à cette première partie. Le manuel propose une large palette d'activités qui s'inscrivent dans les objectifs précisés par le programme : cependant, toutes ces activités ne sont pas obligatoires et il sera nécessaire de faire des choix, de façon à ménager le temps nécessaire pour traiter les deux autres parties du programme. On peut par exemple choisir d'illustrer telle notion par une activité pratique expérimentale alors qu'une autre notion sera simplement et plus rapidement exposée. Cette liberté pédagogique du professeur est du reste spécifiée par le préambule du programme.

Le thème « **La Terre dans l'Univers, la vie et l'évolution du vivant** » s'inscrit dans la continuité des programmes de collège, dans une logique d'approfondissement. Une double page permet de mobiliser rapidement les acquis essentiels du collège sans qu'il soit nécessaire de les redémontrer.

Dans cette partie, on étudie tout d'abord les **caractéristiques de la Terre** en tant qu'objet singulier du système solaire : le but n'est pas ici de faire une étude approfondie des objets du système solaire (une étude descriptive de l'Univers et du système solaire figure au programme de sciences physiques) mais de faire comprendre en quoi les caractéristiques de la Terre permettent le développement de la vie telle que nous la connaissons.

Dans un deuxième temps, on cherchera à préciser les **originalités du vivant**, tant en ce qui concerne la matière vivante que son organisation et son fonctionnement.

Enfin, on fera comprendre que la biodiversité que nous pouvons constater aujourd'hui n'est qu'une étape, un instantané provisoire de l'**évolution de la vie** sur la planète Terre.

Cette partie du programme permet de développer un certain nombre de compétences :

• **Des connaissances** : il s'agit d'abord de montrer que la Terre est un objet parmi d'autres dans le système solaire mais que les conditions qui y règnent ont permis le développement de la vie. La matière qui constitue le monde vivant est directement issue du monde inerte mais les proportions importantes de quelques éléments chimiques sont caractéristiques de la matière des êtres vivants. On étudie ensuite comment cette matière s'organise, aux différents niveaux : molécules, organites, cellules, organes, organismes. La cellule, unité structurale du vivant, est aussi une unité fonctionnelle, siège de transformations chimiques qui constituent le métabolisme. La nature de l'information génétique est précisée. On montre en quoi consiste le message génétique et on constate sa variabilité.

La biodiversité actuelle est une étape de l'histoire du monde vivant. La biodiversité se modifie sous l'effet de différents facteurs, dont l'activité humaine. Sélection naturelle et dérive génétique expliquent l'évolution de la diversité génétique.

• **Des capacités** : cette partie du programme permet de mettre en œuvre diverses activités expérimentales, manipulatoires. Les élèves seront notamment amenés à construire et appliquer des protocoles expérimentaux, ExAO notamment (énergie reçue par les planètes, métabolisme cellulaire), à réaliser des observations (dissections, observations microscopiques de cellules). Les élèves pratiqueront les étapes essentielles de la démarche scientifique : observation, questionnement, formulation d'hypothèses, expérimentation, raisonnement, communication sous forme de tableaux ou de graphes. Ils apprendront à rechercher des informations et à faire un tri de façon à dégager l'information pertinente (caractéristiques des planètes...). Certaines activités se prêtent plus particulièrement à la modélisation (visualisation moléculaire, effet de la dérive génétique...).

• **Des attitudes** : dans cette partie, les élèves auront l'occasion d'exercer leur esprit critique (par exemple, sur quelles bases scientifiques recherche-t-on l'existence d'une vie ailleurs que sur Terre ?). Plusieurs exemples (transgénèse, biodiversité) permettront de prendre conscience de la responsabilité de l'Homme par rapport au monde vivant.

Cette première partie du programme est découpée en cinq chapitres : le **chapitre 1** est consacré à l'étude de la Terre en tant que planète de la vie. Le **chapitre 2** permet d'aborder la nature du vivant. Dans la continuité, le **chapitre 3** est plus particulièrement consacré à la nature de l'information génétique. L'étude de la biodiversité a été découpée en deux chapitres afin d'en faciliter l'appréhension : le **chapitre 4** définit les divers aspects de la biodiversité et renforce la notion de parenté entre les êtres vivants tandis que le **chapitre 5** est plus particulièrement consacré à l'évolution de la biodiversité et propose l'étude de certains mécanismes susceptibles d'expliquer cette évolution.

Une correspondance entre le programme officiel et les chapitres du manuel

Connaissances	Les chapitres du manuel
Les conditions de la vie : une particularité de la Terre ? La Terre est une planète rocheuse du système solaire. Les conditions physico-chimiques qui y règnent permettent l'existence d'eau liquide et d'une atmosphère compatible avec la vie. Ces particularités sont liées à la taille de la Terre et à sa position dans le système solaire. Ces conditions peuvent exister sur d'autres planètes qui possèderaient des caractéristiques voisines sans pour autant que la présence de vie y soit certaine.	**chapitre 1** **La Terre, planète de la vie** (pages 10-31) **Les activités pratiques** **Act. 1** Les objets du système solaire **Act. 2** La Terre, planète rocheuse du système solaire **Act. 3** Des caractéristiques favorables à la vie **Act. 4** La détermination des conditions d'habitabilité **Act. 5** La vie ailleurs dans l'Univers ?

Connaissances	Les chapitres du manuel
La nature du vivant Les êtres vivants sont constitués d'éléments chimiques disponibles sur le globe terrestre. Leurs proportions sont différentes dans le monde inerte et dans le monde vivant. Ces éléments chimiques se répartissent dans les diverses molécules constitutives des êtres vivants. Les êtres vivants se caractérisent par leur matière carbonée et leur richesse en eau. L'unité chimique des êtres vivants est un indice de leur parenté. De nombreuses transformations chimiques se déroulent à l'intérieur de la cellule : elles constituent le métabolisme. Il est contrôlé par les conditions du milieu et par le patrimoine génétique. La cellule est un espace limité par une membrane qui échange de la matière et de l'énergie avec son environnement. Cette unité structurale et fonctionnelle commune à tous les êtres vivants est un indice de leur parenté.	chapitre **2** **La nature du vivant** (pages 32-53) **Les activités pratiques** **Act. 1** La matière vivante : des poussières d'étoiles **Act. 2** Les molécules du vivant **Act. 3** De l'organisme à la cellule **Act. 4** La cellule, siège des réactions chimiques de la vie **Act. 5** La cellule, indice d'une parenté entre les êtres vivants
La transgénèse montre que l'information génétique est contenue dans la molécule d'ADN et qu'elle y est inscrite dans un langage universel. La variation génétique repose sur la variabilité de la molécule d'ADN (mutation). L'universalité du rôle de l'ADN est un indice de la parenté des êtres vivants.	chapitre **3** **L'ADN, support de l'information génétique** (pages 54-73) **Les activités pratiques** **Act. 1** L'ADN, un langage universel **Act. 2** L'organisation de la molécule d'ADN **Act. 3** Le langage codé de l'ADN **Act. 4** Diversité génétique et variabilité de l'ADN
La biodiversité, résultat et étape de l'évolution La biodiversité est à la fois la diversité des écosystèmes, la diversité des espèces et la diversité génétique au sein des espèces. L'état actuel de la biodiversité correspond à une étape de l'histoire du monde vivant : les espèces actuelles représentent une infime partie du total des espèces ayant existé depuis les débuts de la vie. La biodiversité se modifie au cours du temps sous l'effet de nombreux facteurs, dont l'activité humaine. Au sein de la biodiversité, des parentés existent qui fondent les groupes d'êtres vivants. Ainsi, les vertébrés ont une organisation commune. Les parentés d'organisation des espèces d'un groupe suggèrent qu'elles partagent toutes un ancêtre commun.	chapitre **4** **Diversité et parenté du vivant** (pages 74-93) **Les activités pratiques** **Act. 1** Étudier la biodiversité à l'échelle locale **Act. 2** La biodiversité à l'échelle du globe **Act. 3** Un exemple d'espèces apparentées **Act. 4** Une parenté établie d'après l'organisation interne
La diversité des allèles est l'un des aspects de la biodiversité. La dérive génétique est une modification aléatoire de la diversité des allèles. Elle se produit de façon plus marquée lorsque l'effectif de la population est faible. La sélection naturelle et la dérive génétique peuvent conduire à l'apparition de nouvelles espèces.	chapitre **5** **La biodiversité en perpétuelle évolution** (pages 94-113) **Les activités pratiques** **Act. 1** Un exemple de biodiversité ancienne **Act. 2** L'Homme, facteur d'évolution de la biodiversité **Act. 3** Sélection naturelle et biodiversité **Act. 4** Dérive génétique et biodiversité

CHAPITRE 1 La Terre, planète de la vie

ACTIVITÉ 1 Les objets du système solaire (p. 12-13)

Connaissances	Capacités et attitudes
La Terre est une planète rocheuse du système solaire.	Recenser, extraire et organiser des informations pour comparer les différents objets du système solaire.

1. Les intentions pédagogiques

L'objectif est, pour débuter cette partie du programme, de faire connaissance avec les différents objets qui composent le système solaire et de les positionner les uns par rapport aux autres afin de pouvoir, par la suite, établir des comparaisons.

Le **document 1** rappelle que le Soleil est une étoile et donne les informations essentielles permettant de le distinguer de tous les autres objets du système solaire. Ce document met en évidence l'importance du Soleil, tant du point de vue de sa taille que de la quantité d'énergie qu'il produit et émet.

Grâce au **document 2**, il est possible de situer les huit planètes du système solaire dans l'ordre et donc de faciliter l'acquisition de cette connaissance de base. Ce document permet en outre d'ouvrir le débat sur le statut de Pluton (planète naine) et de définir plus précisément ce qu'est une planète. Des informations complémentaires, qui n'ont pas leur place dans le manuel, peuvent éventuellement être apportées : une planète naine se distingue d'un astéroïde car sa masse est suffisante pour que les forces de gravité lui confèrent une forme sphérique. Elle se distingue cependant d'une planète car sa masse est insuffisante pour éliminer de son voisinage orbital les autres corps célestes.

Les **documents 3** à **5** ont pour but de présenter les différentes catégories d'objets du système solaire. À ce stade, la Terre apparaît finalement comme un objet céleste parmi d'autres.
Les échelles indiquées sur les différents documents permettront de faire des comparaisons de dimensions. On pourra remarquer qu'un astéroïde peut lui-même posséder un satellite. Quant à la comète Hale-Bopp, on pourra souligner que cette remarquable observation a pu être faite depuis la Terre elle-même. La possibilité de collisions et donc l'existence de cratères d'impact pourront ici être évoquées. Elles ne figurent pas en tant que telles au programme mais pourront faire l'objet d'un exercice.

2. Pistes de travail

Les principales caractéristiques se retrouvent dans chacun des documents.

Doc. 1 Le Soleil, « star » du système solaire !

Une étoile est une énorme boule de gaz, émettant de grandes quantités d'énergie provenant exclusivement de la fusion nucléaire. Elle est située au centre d'un système.

Doc. 2 **Huit planètes soumises à la force d'attraction du Soleil**

Une planète est de taille plus réduite qu'une étoile. Elle gravite sur une orbite autour d'une étoile et n'émet pas ou très peu d'énergie. Sa taille est suffisamment grande pour avoir une forme sphérique. Elle est seule à graviter sur son orbite. Certaines possèdent un ou plusieurs satellites.

Doc. 3 **Une planète parmi d'autres : la Terre**

Un satellite est un petit corps céleste retenu par gravitation en rotation autour d'une planète ou d'un astéroïde. La Lune est évidemment l'exemple qui vient immédiatement à l'esprit. La distance Terre-Lune est de 384 400 km, soit environ 400 fois moins que la distance Terre-Soleil qui est de 150 000 000 km.

Doc. 4 **L'astéroïde Ida et son satellite Dactyl photographiés par la sonde Galileo**

Un astéroïde est un corps rocheux de petite taille et par conséquent non sphérique. Dans le système solaire, beaucoup d'astéroïdes sont situés sur une même orbite, entre Mars et Jupiter.

Doc. 5 **La comète Hale-Bopp observée depuis la Terre**

Une comète est un petit corps constitué de poussières et de glace qui tourne autour du Soleil sur une orbite elliptique très allongée (alors que celle des astéroïdes est quasi circulaire).

Qualifier de solaire notre système se justifie car le Soleil en est à la fois le plus gros objet, le centre, la source de gravitation responsable de la rotation des autres objets autour de lui et la source principale d'énergie.

3. Ressources complémentaires

- « Neuf planètes » (en anglais) : http://www.nineplanets.org/
- « Neuf planètes » (en français, incomplet) : http://www.lasam.ca/billavf/nineplanets/nineplanets.html
- Banque de photos du système solaire et de l'Univers de la NASA : http://photojournal.jpl.nasa.gov/index.html
- Des images haute résolution de Mars : http://hirise.lpl.arizona.edu/
- Des images du télescope Hubble : http://hubblesite.org/gallery/
- Une conférence en ligne sur la formation du système solaire : http://acces.ens-lyon.fr/clea/conferences/fichiers/formation-du-systeme-solaire/formation-du-systeme-solaire-mp4
- Une autre banque d'images de la NASA : http://www.nasaimages.org/
- Galerie multimédia de l'Agence spatiale européenne : http://www.esa.int/esa-mmg/mmghome.pl
- Astronomie pour les enseignants (Observatoire de Paris) : http://media4.obspm.fr/public/AMC/
- 4 vidéos sur le système solaire : http://www.pixmodels.com/video_hd_pixmodels.html

ACTIVITÉ 2

La Terre, planète rocheuse du système solaire (p. 14-15)

Connaissances	Capacités et attitudes
La Terre est une planète rocheuse du système solaire.	Recenser, extraire et organiser des informations pour comparer les différents objets du système solaire et dégager les singularités de la Terre.

1. Les intentions pédagogiques

Après avoir montré que la Terre est un objet parmi d'autres dans le système solaire et l'avoir rangée dans la catégorie des planètes, il s'agit ici de préciser certaines de ses caractéristiques en la rapprochant ou en la différenciant des autres objets. Il ne faut pas perdre de vue l'objectif de cette comparaison : mettre en évidence les conditions favorables à la vie.

Les deux photographies du **document 1** ont été soigneusement choisies (même angle de vue) car elles permettent de faire une comparaison entre ces deux planètes et d'identifier leurs caractéristiques essentielles. Ce sont deux planètes rocheuses (les roches sont nettement visibles sur les deux photographies) mais les paysages sont bien différents. Les miniatures des planètes permettent en outre de constater que leurs structures internes sont similaires (sans entrer dans les détails évidemment). La présence du robot de la Nasa sur la planète Mars est un « clin d'œil » : la seule manifestation de vie actuellement présente à la surface de la planète Mars est un objet manufacturé exporté depuis la Terre !

Par opposition, le **document 2** présente une planète gazeuse, Jupiter. La comparaison de ce document et du précédent met en évidence le caractère gazeux ou rocheux des planètes. La photographie et les indications qui l'accompagnent permettent de se familiariser avec les ordres de grandeur au niveau planétaire : on pourra calculer combien de planètes Terre pourraient « entrer » dans la Grande Tache Rouge.

Le tableau du **document 3** rassemble les données essentielles sur les planètes du système solaire et Europe, l'un des satellites de Jupiter. Le choix de ce satellite se justifie car il sera étudié par la suite (activité 5) dans l'optique de la recherche d'une vie extraterrestre. En effet, les exobiologistes orientent leurs recherches vers les planètes rocheuses mais aussi vers les satellites des grosses planètes dont les conditions pourraient être ou avoir été propices à une forme de vie. Ces données seront utilisées par ailleurs dans les activités suivantes (température, masse, etc.).

Ce tableau, qu'il ne convient évidemment pas d'étudier dans son intégralité, permet :
- d'extraire les informations pertinentes en réponse à une question posée (tri des informations) ;
- de recenser des informations pour faire des comparaisons, sans s'égarer et perdre du temps dans des banques de données trop volumineuses ;
- de réaliser des graphiques (avec un tableur, par exemple), afin de mettre en évidence les planètes gazeuses et rocheuses (densité en fonction du diamètre par exemple).

2. Pistes de travail

Les planètes du système solaire peuvent être classées en deux catégories : les planètes rocheuses (Mercure, Vénus, Terre et Mars) et les planètes gazeuses (Jupiter, Saturne, Uranus et Neptune). Les planètes rocheuses sont les plus proches du Soleil. Elles sont

constituées de roches (riches en silicates et en fer), caractéristique qui peut être mise en relation avec leur forte densité et leur faible diamètre.
Les planètes gazeuses, elles, sont beaucoup plus éloignées du Soleil. Elles sont essentiellement constituées d'hélium et d'hydrogène d'où leur faible densité. Mais leur grand diamètre fait qu'elles ont une masse très importante par rapport à la Terre.

La Terre reste singulière parmi les autres planètes rocheuses.
La comparaison des deux photographies de la Terre et de Mars révèle des paysages bien différents :
– le paysage terrestre est coloré, on observe un ciel clair avec des nuages, des montagnes rocheuses, de l'eau sous forme de neige et d'océan, des animaux ;
– le paysage martien est de couleur plus homogène, rougeâtre. Le ciel semble vide et la surface du sol ne montre que des blocs rocheux. On ne voit ni eau, ni trace de vie (si ce n'est le robot envoyé depuis la Terre par les Hommes).
Pourtant ces deux planètes présentent des similitudes : elles sont assez proches du Soleil, d'un petit diamètre (même si la Terre a un diamètre deux fois plus grand), toutes deux sont rocheuses (mêmes composants majoritaires) et possèdent une atmosphère.

La Terre est la troisième planète du système solaire (classement selon l'éloignement du Soleil). C'est une petite planète rocheuse constituée de fer et de silicates. Elle possède de ce fait une densité élevée. Elle est entourée d'une atmosphère et présente en surface de l'eau à l'état liquide et des êtres vivants. Sa température de surface peut être qualifiée de moyenne, comparativement à celles relevées sur les autres planètes du système solaire.

3. Ressources complémentaires

- « Neuf planètes » (en anglais) : http://www.nineplanets.org/
- « Neuf planètes » (en français, incomplet) : http://www.lasam.ca/billavf/nineplanets/nineplanets.html
- Banque de photos du système solaire et de l'Univers de la NASA : http://photojournal.jpl.nasa.gov/index.html
- Des images haute résolution de Mars : http://hirise.lpl.arizona.edu/
- Des images du télescope Hubble : http://hubblesite.org/gallery/
- Une conférence en ligne sur la formation du système solaire : http://acces.ens-lyon.fr/clea/conferences/fichiers/formation-du-systeme-solaire/formation-du-systeme-solaire-mp4
- Une autre banque d'images de la NASA : http://www.nasaimages.org/
- Galerie multimédia de l'Agence spatiale européenne : http://www.esa.int/esa-mmg/mmghome.pl
- Astronomie pour les enseignants (Observatoire de Paris) : http://media4.obspm.fr/public/AMC/
- 4 vidéos sur le système solaire : http://www.pixmodels.com/video_hd_pixmodels.html
- Le système solaire en 3D (Académie de Toulouse) : http://pedagogie.ac-toulouse.fr/svt/serveur/lycee/perez/systeme%20solaire%203d/Ssol3d.htm
- Simulateur d'Univers Célestia : http://www.shatters.net/celestia/

ACTIVITÉ 3

Des caractéristiques favorables à la vie (p. 16-17)

Connaissances	Capacités et attitudes
Les conditions physico-chimiques qui règnent sur la Terre permettent l'existence d'eau liquide et d'une atmosphère compatible avec la vie.	Recenser, extraire et organiser des informations pour comparer les différents objets du système solaire et dégager les singularités de la Terre.

1. Les intentions pédagogiques

À ce stade, la Terre a été présentée comme une planète rocheuse sur laquelle la vie a pu se développer. L'objectif de cette activité est de relier la présence du vivant sur la Terre à deux particularités de cette planète : l'eau liquide et une atmosphère compatible avec la vie.

L'atmosphère de la Terre présente certaines caractéristiques exposées par le **document 1** : la photographie exceptionnelle prise depuis la navette spatiale révèle la structure stratifiée de l'atmosphère et montre la localisation des nuages dans la basse couche. Les données de température et de pression seront utilisées dans les activités suivantes mais figurent ici de façon à caractériser l'atmosphère terrestre par rapport à celle d'une autre planète, Mars en l'occurrence (l'unité de pression choisie ici est le bar, car elle reste beaucoup plus facile à utiliser dans ce contexte que le pascal). Mais c'est surtout la composition de l'atmosphère terrestre qui signe sa particularité : faible proportion de dioxyde de carbone, forte proportion de dioxygène.
Qu'est-ce qu'une atmosphère propice à la vie ? S'il est vrai que l'apparition du dioxygène a probablement été au cours de l'évolution un problème pour les premiers êtres vivants, on peut constater que ceux-ci ont su, par la suite, tirer parti de la présence de ce gaz dans l'atmosphère.

C'est ce que montre le **document 2**, qui présente l'importance du dioxygène en tant que gaz permettant la respiration (phénomène associé aux êtres vivants pour les élèves) et comme gaz à l'origine de l'ozone, jouant un rôle de barrage aux rayons UV et permettant ainsi le développement de la vie à la surface de la Terre.

Le **document 3** montre l'importance de l'eau liquide comme milieu favorable à la vie. Les élèves savent intuitivement que la vie est impossible sans eau et ils constateront dans le chapitre 2 qu'une caractéristique de la matière vivante est sa richesse en eau (voir activité 2 du chapitre 2, partie 1). Le texte associé à ce document apporte quelques explications scientifiques plus précises, permettant de comprendre pourquoi ce milieu est propice à la vie.

L'intérêt du **document 4** est d'élargir le champ des conditions que l'on considère habituellement comme compatibles avec le vivant. Avant même de poser la question d'une définition de la vie, il est intéressant de considérer que des formes vivantes, moins connues des élèves, existent dans des conditions inhabituelles. Le milieu évoqué ici (sources hydrothermales), bien que présentant des conditions très contraignantes (obscurité, pression et température élevées), abrite néanmoins des écosystèmes insoupçonnés avec des formes parfois très spécifiques. Le milieu liquide permet donc la vie, même quand les conditions de pression et les températures sont extrêmes. L'exercice page 26 présente d'autres organismes « extrêmophiles ».

2. Pistes de travail

Doc. 1 Doc. 2 et Doc. 3

L'atmosphère terrestre est favorable à la vie car :
- l'ozone apporte une protection contre les rayons UV nocifs,
- le dioxygène permet la respiration,
- la faible concentration en dioxyde de carbone n'engendre qu'un effet de serre modéré.

Sans l'effet de serre naturel qui élève la température moyenne de la Terre de 30 °C, la température sur Terre serait en moyenne de − 15 °C et l'eau y serait donc sous forme de glace. Or l'état solide de l'eau n'est pas propice à la vie.

Doc. 4 La vie, même dans des conditions extrêmes

L'existence de formes de vie dans les milieux extrêmes permet d'imaginer que la vie peut exister sur d'autres planètes dans des milieux improbables a priori, dans lesquels la température, la pression ou d'autres conditions semblent pourtant défavorables.

3. Ressources complémentaires

- Banque de données sur les extrêmophiles : http://library.thinkquest.org/CR0212089/hisextrem.htm

ACTIVITÉ 4 La détermination des conditions d'habitabilité (p. 18-19)

Connaissances	Capacités et attitudes
Ces particularités sont liées à la taille de la Terre et à sa position dans le système solaire.	Expérimenter, modéliser, recenser, extraire et organiser des informations pour relier les particularités de la planète Terre à sa masse et sa distance au Soleil et définir une zone d'habitabilité autour des étoiles.

1. Les intentions pédagogiques

Nous avons vu que la Terre est une planète singulière, notamment par la présence d'eau liquide et d'une atmosphère propice à la vie. L'objectif de cette activité est de montrer que ces deux conditions physico-chimiques sont dépendantes de la masse de la planète Terre et de sa position dans le système solaire.
Une activité expérimentale de modélisation de la relation entre l'énergie reçue par une planète et sa distance au soleil est ici réalisable.

La photographie du **document 1** montre l'eau sous ses différents états et le diagramme indique les conditions de pression et de température qui déterminent chaque état physique de l'eau. Pour se familiariser avec ce diagramme, on peut tout d'abord faire rechercher les températures auxquelles sont habituellement associés les changements d'état physique de l'eau : 0 °C et 100 °C. On peut alors expliquer que ces valeurs dépendent en réalité aussi de la pression (par exemple, si la pression est plus élevée, la température d'ébullition augmente : exemple de la cocotte-minute). À noter que la pression est une grandeur physique qui fait l'objet d'une présentation et d'une étude au programme de sciences physiques de la classe de Seconde : on peut donc établir le lien avec cette discipline.
Après cette « prise en main », le diagramme sera mis en relation avec les données

de l'activité précédente sur les conditions de pression et de température sur la Terre et sur Mars : il permet alors de comprendre pourquoi l'eau à l'état liquide peut exister en abondance sur la première planète, mais pas sur la seconde. On fera cependant remarquer que les conditions sur Mars ne sont pas très éloignées de la possibilité d'un état liquide de l'eau, d'autant que de telles conditions sont susceptibles d'avoir évolué au cours du temps. Ce constat sera mis à profit dans l'activité suivante pour proposer une explication à l'existence de traces d'érosion sur Mars.

Le **document 2** explique l'importance de la masse de la planète : c'est ce facteur qui détermine l'existence et l'épaisseur d'une atmosphère (et donc de la pression atmosphérique), expliquant en particulier la faible épaisseur de l'atmosphère de la planète Mars. En sciences physiques, dans le cadre de l'étude du système solaire, les élèves étudient l'attraction universelle (gravitation). Il est donc possible de s'appuyer sur ces connaissances (ou de renvoyer à ces connaissances) pour donner ces explications : en effet, la force d'attraction qui s'exerce ici sur les molécules gazeuses est régie par les mêmes lois que celles qui déterminent l'attraction entre deux corps. Dans ce cas cependant, la masse des molécules gazeuses peut être négligée par rapport à celle de la planète. C'est donc bien la masse de la planète qui est le facteur essentiel.

Le **document 3** présente une expérience classique de modélisation, réalisable avec du matériel ExAO ou avec des luxmètres analogiques. L'objectif est de montrer l'influence de la distance étoile-planète sur la température (et par conséquent sur l'état de l'eau). Le protocole n'est présenté que dans ses grandes lignes car on peut laisser aux élèves le soin de le déterminer plus précisément. Les résultats présentés ici pourront constituer un corrigé ou un document de secours dans le cas où l'expérience n'aurait pas été réalisée ou n'aurait pas donné les résultats escomptés. Pour aller un peu plus loin qu'une simple confirmation d'une notion intuitive, les résultats peuvent être traités à l'aide d'un tableur et comparés graphiquement à plusieurs fonctions mathématiques : on montre ainsi que l'énergie reçue est inversement proportionnelle au carré de la distance à la source d'énergie.
Après cette étude, il devient possible de déterminer ce qu'on appelle la « zone d'habitabilité ». Cette-ci dépend avant tout de la distance au Soleil puisque cette distance exerce une influence sur la température et donc sur l'état de l'eau. Sur Terre, l'eau peut être à l'état liquide car la température le permet. Plus près du Soleil, l'eau est à l'état gazeux (Vénus). Plus loin, c'est plutôt de la glace (Mars).

Le **document 4** permet de généraliser cette notion à l'ensemble des systèmes planétaires. En effet, selon le type d'étoile, l'énergie émise n'est pas la même et donc la zone d'habitabilité est à une distance différente. On constate que, dans le système solaire, seule la Terre est dans cette zone, Mars étant en lisière de celle-ci.

2. Pistes de travail

Dans l'activité 3, on a montré que la vie était nécessairement liée à la présence d'eau. Il s'agit donc de rechercher ici les conditions que doit remplir une planète dans ses caractéristiques et sa position pour être pourvue d'eau liquide.

Doc. 1 Les facteurs dont dépend l'état physique de l'eau

Le **document 1** permet d'identifier les facteurs physiques indispensables : l'eau est à l'état liquide dès lors que la température et la pression restent dans un domaine déterminé par des couples de valeurs précises (la température ne peut être inférieure à 0 °C environ ; la pression peut varier entre 0,01 et plusieurs dizaines de bars).

Doc. 2 **L'importance de la masse de la planètes**

La pression à la surface d'une planète est liée à l'existence et à l'épaisseur d'une atmosphère. Cette dernière dépend essentiellement de la force d'attraction exercée sur les molécules gazeuses, force dépendant de la masse de la planète. Une masse suffisante est donc requise pour retenir les molécules de gaz et constituer une atmosphère suffisamment épaisse, donc une pression atmosphérique suffisante. La Terre répond à ces exigences.

Doc. 3 **et** **Doc. 4**

La température à la surface d'une planète est directement dépendante de la quantité d'énergie lumineuse reçue de son « étoile ». Cette quantité est en lien avec la distance qui les sépare (**document 3**: l'énergie reçue est inversement proportionnelle au carré de la distance à la source d'énergie) mais aussi avec la quantité d'énergie diffusée par l'étoile. C'est pourquoi la zone d'habitabilité correspondant aux limites de température compatibles avec la vie est différente d'une étoile à l'autre (**document 4**). La Terre se trouve dans la zone d'habitabilité du Soleil.

En comparaison avec la Terre, l'exemple de Mars peut être discuté. Mars n'a pas une masse suffisante pour retenir une atmosphère épaisse. La pression atmosphérique est donc faible: 1/100e de celle de la Terre, soit 0,01 bar environ. Le diagramme montre que pour une telle pression et une température moyenne de –55 °C, l'eau est à l'état solide. La recherche de traces de vie sur Mars peut se justifier car, bien que Mars ne soit pas dans la zone définie comme habitable, elle en est néanmoins proche. De plus, dans le passé, les conditions sur Mars ont pu être différentes: la vie a pu y apparaître sans pour autant connaître le même succès que sur Terre. Par ailleurs, l'existence de formes de vie dans les milieux extrêmes permet de penser que cette zone habitable puisse être plus grande qu'on ne l'imagine.

ACTIVITÉ

5 La vie ailleurs dans l'Univers? (p. 20-21)

Connaissances	Capacités et attitudes
Ces conditions peuvent exister sur d'autres planètes qui posséderaient des caractéristiques voisines sans pour autant que la présence de vie y soit certaine.	Expérimenter, modéliser, recenser, extraire et organiser des informations pour relier les particularités de la planète Terre à sa masse et sa distance au Soleil et définir une zone d'habitabilité autour des étoiles.

1. Les intentions pédagogiques

Cette activité, motivante pour les élèves, a pour but de montrer sur quelles bases scientifiques se fait la recherche d'une vie « extraterrestre ». Ce sera l'occasion d'exercer un esprit critique, permettant de différencier les hypothèses fondées sur des faits scientifiques de ce qui relève de la pure fiction. Les documents de cette séquence ne visent pas à apporter des réponses mais plutôt à fonder un questionnement, à montrer comment s'oriente une recherche et illustreront l'état nécessairement provisoire des connaissances scientifiques.

Après avoir compris que les conditions qui règnent sur Terre sont déterminées

essentiellement par des paramètres physico-chimiques, il est permis de rechercher dans l'Univers d'autres lieux qui pourraient être ou avoir été favorables à la vie.
Au cours de l'activité précédente, la planète Mars est apparue comme la plus proche, dans le système solaire, des conditions d'habitabilité. C'est en effet vers cette planète que se sont orientées et s'orientent toujours les recherches de traces de vie. Le **document 1** pose la problématique de l'état de l'eau sur la planète Mars, facteur déterminant pour la présence de vie. Les deux photographies **a** et **b** prouvent que de l'eau est bel et bien présente à proximité de la surface de Mars : elle est cependant à l'état de glace. Mise à nu, elle est immédiatement sublimée, ce qui confirme que les conditions sur Mars ne semblent pas permettre l'état liquide de l'eau. Cependant, l'image **c** (il est possible d'en faire rechercher beaucoup d'autres, par exemple en utilisant Google Mars, voir exercice 8, p. 29) montre qu'il est très probable qu'il y ait eu, dans le passé, de l'eau liquide sur Mars.

Le **document 2** montrera que le problème est plus complexe qu'il n'y paraît. En effet, la recherche de traces de vie dans le système solaire s'oriente également vers les satellites des grosses planètes : ces corps rocheux pourraient en effet connaître des conditions propices à la vie, même s'ils sont largement en dehors de la fenêtre d'habitabilité, l'état liquide de l'eau pouvant s'expliquer par différents phénomènes. Europe, le satellite de Jupiter, possède de l'eau qui est sous forme de glace en surface : ceci est cohérent avec la distance qui sépare cet astre du Soleil. Mais ici, c'est l'effet de marée exercé par Jupiter qui pourrait entraîner la fusion de l'eau sous la surface et provoquer l'existence d'un océan liquide sous-glaciaire. Rien n'empêche alors d'imaginer des oasis de vie qui pourraient ressembler aux sources hydrothermales des fonds océaniques terrestres. À un moment ou à un autre de cette étude se posera inévitablement la question d'une définition de ce qu'on appelle la vie : la définition proposée par l'exobiologiste André Brack pourra servir de base à une telle réflexion.

La mise en évidence de planètes orbitant autour d'une étoile autre que le Soleil n'est devenue possible que depuis les années 1990 (en effet, les planètes sont peu lumineuses). L'expérience de modélisation réalisée par ExAO présentée par le **document 3** permet de comprendre l'une des méthodes de détection des exoplanètes, la méthode du transit. Les mesures (disponibles sur le site ressources du manuel) permettent de montrer une relation entre la taille de la planète et la baisse de luminosité engendrée par son passage devant l'étoile autour de laquelle elle est en orbite. Plus le diamètre des modèles de planètes est grand, plus la perte de luminosité est importante. Le tracé du graphique montrant la perte de luminosité en fonction de la surface du disque planétaire met en évidence une proportionnalité entre ces deux paramètres.
À ce jour, 473 exoplanètes ont été mises en évidence : on comprend que de telles découvertes élargissent considérablement le champ des investigations pour la recherche d'une forme de vie !

Le système Gliese 581 présenté par le **document 4** est l'un des plus prometteurs en ce qui concerne la recherche de vie extraterrestre, puisqu'il possède des planètes situées dans la zone habitable ou proches de celle-ci. Ces planètes sont par ailleurs de taille relativement réduite, du même ordre que la Terre, ce qui permet de penser qu'une atmosphère du type de celle des planètes rocheuses du système solaire puisse y exister (et non pas une atmosphère du type de celle de Jupiter). À noter que l'illustration qui figure ici est une vue d'artiste (aucune image de ce type n'a évidemment pu être obtenue) mais elle peut aider à se représenter la réalité d'autres systèmes planétaires (l'exoplanète Gliese d n'était pas encore découverte quand cette image a été réalisée).

2. Pistes de travail

Les indices d'une possibilité de vie ailleurs dans l'Univers sont à rechercher autour des connaissances issues de l'activité précédente.

Doc. 1 et Doc. 2

Les documents relatifs à Mars montrent que de l'eau y est aujourd'hui présente, très près de la surface, à l'état de glace. En contact avec l'atmosphère martienne, cette glace se vaporise : sur Mars, les conditions actuelles ne permettent pas l'état liquide de l'eau. Cependant, la présence de vallées et de canyons ne peut s'expliquer que par le phénomène d'érosion : de l'eau à l'état liquide a donc dû exister sur cette planète par le passé.

Il est possible que de l'eau liquide soit présente sur Europe sous la forme d'un océan sous une surface de glace.

Il est permis de penser que des formes de vie puissent exister ou avoir existé sur ces deux corps célestes du système solaire. La présence d'eau liquide à la surface d'une planète dépend de sa position par rapport à la zone d'habitabilité d'une étoile. Cependant, d'autres paramètres peuvent influer sur l'état de l'eau et permettre l'état liquide, même en dehors d'une zone d'habitabilité (effet de marée de Jupiter sur Europe par exemple).

Doc. 4 Une « seconde Terre » dans le système Gliese 581 ?

Gliese 581 étant une étoile de type naine rouge, la zone d'habitabilité est située entre 0,1 et 0,6 UA de celle-ci. La planète Gliese 581 d est située à une distance correspondant à cette zone et Gliese 581 c n'en est pas très éloignée. Par ailleurs, la masse de ces planètes étant dans l'ordre de grandeur de celle de la Terre, on peut penser qu'elle permet de retenir une atmosphère exerçant une pression proche de celle régnant sur Terre.

Exercices

La correction des exercices 1 à 3 figure dans le manuel page 278.

Exercice 4 Des formes de vie extrêmes

a. Faux. Les formes de vie recherchées sont plutôt très simples, des bactéries par exemple.

b. Vrai. Même si 50 °C est une température très élevée pour la plupart des formes de vie connues sur Terre, *Thermoproteus tenax* est un organisme vivant sur Terre à une température de près de 100 °C. On peut donc inclure des planètes dont la température est de 100 °C.

c. Faux. *Deinococcus* résiste très bien aux radiations nucléaires.

d. Faux. *Sulfolobus* ne vit que dans des eaux très acides.

e. Vrai. La zone d'habitabilité correspond aux conditions « moyennes » de vie sur la Terre (températures comprises entre 0 et 40 °C, faible quantité de radiations, pH neutre…) mais certaines bactéries pouvant vivre dans des conditions différentes, dites extrêmes, des formes de vie extraterrestres pourraient exister dans des conditions comparables.

Exercice 5 Exercice guidé : Un monde prometteur pour la présence de vie extraterrestre ?

1. HD 189773b est de type « Jupiter chaud » car :
- sa taille est comparable à celle de Jupiter (elle est 26 % plus grande et 15 % plus lourde) ;
- sa température est cependant bien plus élevée (900 °C contre –121 °C).

2. La présence d'eau (molécule indispensable à la vie) et de méthane (molécule organique pouvant provenir du vivant) dans l'atmosphère de cette planète sont des caractéristiques a priori favorables pour envisager la présence de vie sur HD 189773b.

3. Cependant, 900 °C est une température bien trop élevée : elle rend très improbable l'existence de vie à la surface de cette planète.

Exercice 6 Des traces d'impacts météoritiques

Mercure et la Terre présentent toutes deux des cratères d'impacts météoritiques, mais ceux de la Terre sont beaucoup moins nombreux (176 au total sur la planète entière alors qu'on en voit plus de 100 sur la petite portion de Mercure photographiée ici), plus récents (2 Ga sur Terre pour les plus anciens contre 4,2 Ga sur Mercure) et moins bien conservés (alors que ceux qui sont visibles sur Mercure ont tous une forme caractéristique bien reconnaissable).

Mercure est dépourvue d'atmosphère et d'eau, ce qui explique ces différences concernant les cratères d'impact. En effet :
- sans atmosphère pour la protéger, Mercure reçoit l'impact de toutes les météorites qui se dirigent vers elle, alors que nombre de météores se consument dans l'atmosphère terrestre sans atteindre sa surface (« étoiles » filantes) ;
- sans océan, toute météorite qui fait impact laisse un cratère au sol ;
- sans eau, il n'y a pas d'érosion et les impacts restent donc visibles alors que sur Terre la plupart des cratères d'impact ont été effacés par l'érosion.

Exercice 7 Vénus

1. Vénus se classe parmi les planètes rocheuses, car sa densité est élevée, sa surface et son manteau sont composés de roches.

2. Vénus est souvent qualifiée de « planète sœur » de la Terre car ces planètes sont toutes deux de nature rocheuse, elles possèdent un diamètre et une densité voisines, elles ont une atmosphère et font partie des planètes relativement proches du Soleil. En cela, cette désignation est justifiée.

3. Vénus est cependant plus proche du Soleil que la Terre et reçoit donc plus d'énergie. Cependant, ceci ne suffit pas à expliquer une température si élevée, puisque sans atmosphère la température serait de 62 °C alors qu'elle est en réalité de 470 °C.
L'atmosphère de Vénus étant très épaisse (pression 93 fois supérieure à celle de l'atmosphère terrestre) et très riche en CO_2 (96,5 %), un très fort effet de serre se produit (dû également à l'acide sulfurique atmosphérique), élevant de manière très importante la température.

Exercice 8 Une comparaison de paysages de la Terre et de Mars

1. Largeur de la vallée Echus Chasma : 5 à 12 km environ selon l'endroit choisi, profondeur maximale 2 km environ (plateau à environ 1 100 m d'altitude, fond à –900 m environ).

2. Largeur de la vallée de la Green River: 750 m environ, profondeur 250 m environ (plateau à 1450 m d'altitude, rivière à 1200 m).

3. Les deux images (correspondant par exemple aux photos du manuel) doivent être de tailles comparables et peuvent être intitulées « vues 3D de la vallée martienne Echus Chasma et de la vallée terrestre de la Green River, obtenues à l'aide de Google Earth ».

4.

	Echus Chasma	Green River
Planète	Mars	Terre
Largeur de la vallée	5 -12 km	750 m
Profondeur de la vallée	2000 m	250 m
Présence d'eau liquide	NON	OUI

5. Les formes des deux vallées sont comparables, bien qu'Echus Chasma soit beaucoup plus vaste. Ceci permet de penser qu'Echus Chasma a été formée quand de grandes quantités d'eau liquide coulaient sur Mars. Cette présence d'eau liquide étant un élément essentiel pour la présence de vie, on peut envisager que Mars ait pu abriter des formes de vie par le passé.

Tâche complexe

À la recherche d'une vie extra-terrestre (p. 30-31)

Les intentions pédagogiques

Cette « tâche complexe » reprend les objectifs des activités 3, 4 et 5 du chapitre: nécessité de la présence d'eau liquide pour envisager la présence de vie, importance des conditions de pression et de température pour que l'eau puisse exister dans cet état, conditions de la présence d'une atmosphère autour d'une planète.
L'objectif est de mettre en relation les informations des cinq documents afin d'élaborer un schéma des relations de causalité.

Les documents

Le **document 1** permet de mettre en évidence les caractéristiques des deux planètes sur le plan de leur taille (la masse en particulier), de leur distance au Soleil, et de l'âge du volcanisme à l'origine de leur atmosphère initiale.

Le **document 2** donne des informations sur les conditions physico-chimiques à la surface de Vénus et de Mars et des renseignements complémentaires sur l'effet de serre et l'atmosphère initiale d'une planète. Ce document a un rôle central et sera mis en relation avec tous les autres afin d'établir les relations de cause à effet entre les différents facteurs mis en jeu.

Le **document 3** permettra pour chaque planète de déterminer l'état de l'eau à sa surface, ce qui est déterminant pour indiquer si la vie y est envisageable ou pas. Les **documents 4** et **5** ont pour but d'apporter une preuve de la présence d'eau sur Mars : liquide par le passé (présence de méandres et de dépôts caractéristiques de l'existence de fleuves en surface, aujourd'hui asséchés), solide sous forme de glace dans le sol martien.

Démarches possibles

La mise en relation des **documents 1** et **2** permet de faire apparaître le lien entre masse, gravité et maintien d'une atmosphère d'une part, et entre distance du Soleil et température d'autre part. Elle permet aussi de montrer l'origine des atmosphères, plus épaisse sur Vénus que sur Mars en raison de la différence de taille entre les deux planètes.

Le **document 2** permet à lui seul de déduire l'importance de l'effet de serre, puis sa comparaison avec le **document 3** permet de montrer que l'eau liquide a pu être présente sur Mars par le passé, en raison de la température et de la pression plus élevées qu'aujourd'hui, mais pas sur Vénus, dont la température est bien trop élevée. Les **documents 4** et **5** apportent des preuves de la présence d'eau sur Mars, solide actuellement dans le sol, et liquide par le passé, comme l'attestent le méandre et les sédiments déposés. Des fleuves ont coulé sur Mars, mais leur lit est aujourd'hui asséché. La liaison avec les connaissances sur l'importance de l'eau permet de conclure à la présence de vie possible sur Mars par le passé. Cette présence n'est plus probable aujourd'hui, sur Vénus non plus.

Production attendue

VÉNUS

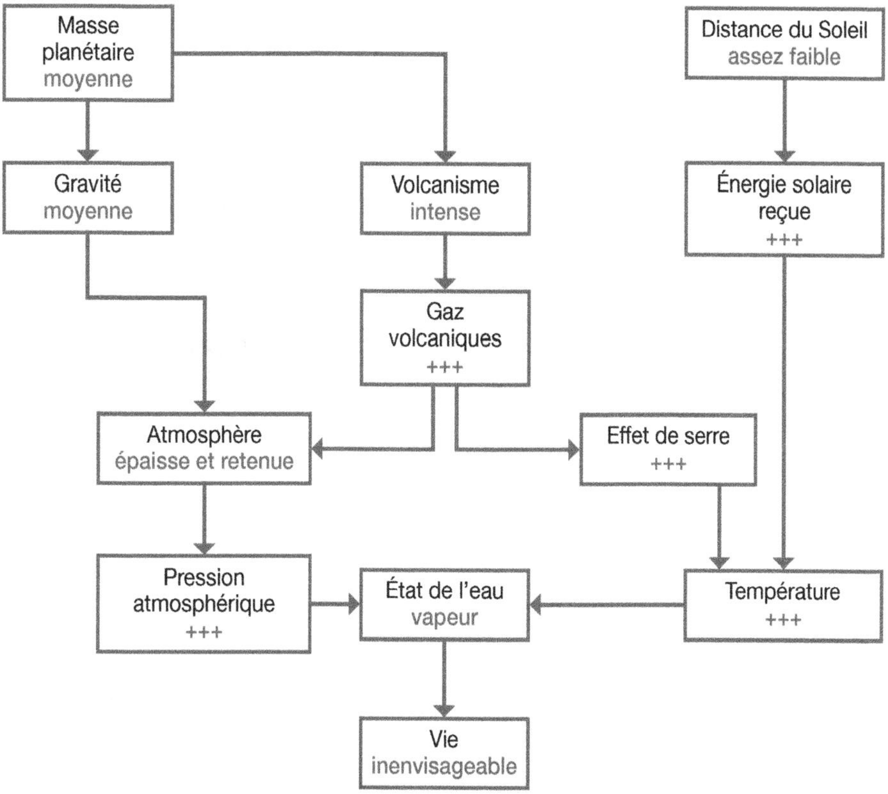

MARS DANS LE PASSÉ

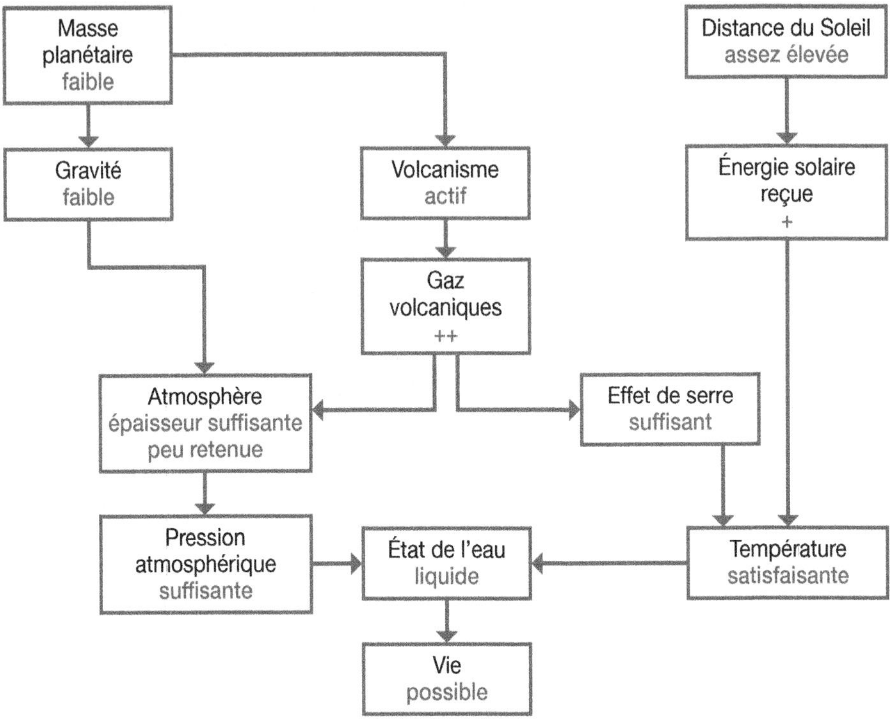

MARS AUJOURD'HUI

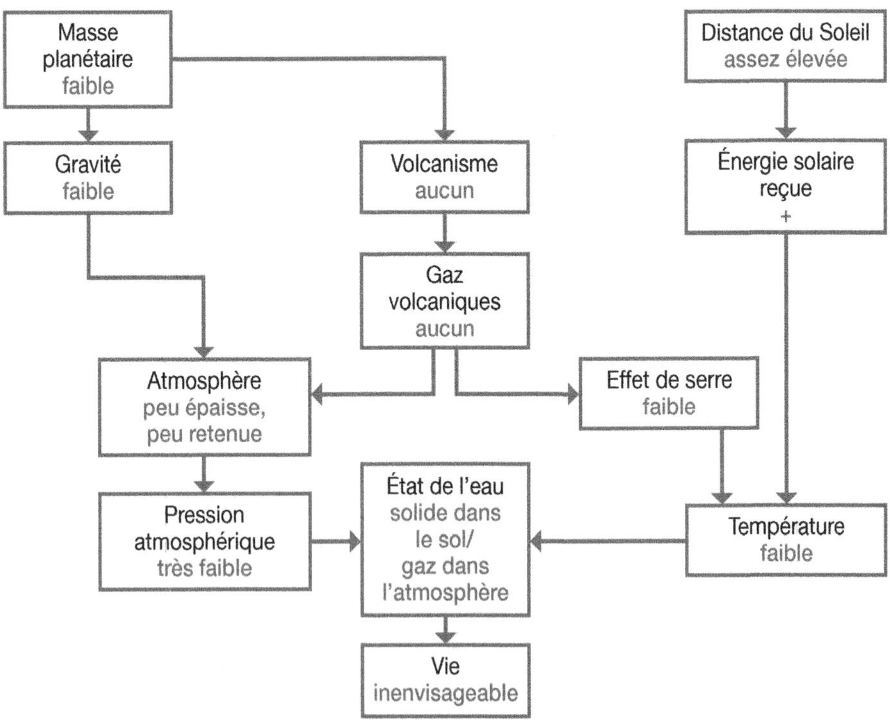

CHAPITRE 2

La nature du vivant

ACTIVITÉ 1

La matière vivante : des poussières d'étoiles (p. 34-35)

Connaissances	Capacités et attitudes
Les êtres vivants sont constitués d'éléments chimiques disponibles sur le globe terrestre. Leurs proportions sont différentes dans le monde inerte et dans le monde vivant.	Expérimenter, modéliser, recenser, extraire et organiser des informations pour comprendre la parenté chimique entre le vivant et le non-vivant.

1. Les intentions pédagogiques

Dans la continuité du chapitre précédent, cette première activité permet de faire le lien entre les éléments de la croûte terrestre et ceux de la matière des êtres vivants. Il s'agit ici de montrer que la matière des êtres vivants est bien entendue constituée d'éléments chimiques disponibles sur Terre, tout comme n'importe quel objet présent sur la planète. Cependant, la matière vivante possède une composition caractéristique. La croûte terrestre est elle-même issue de la différenciation de la Terre primitive, la biosphère pouvant être considérée comme le produit d'une étape de différenciation supplémentaire.
Deux aspects de la matière peuvent être comparés au cours de cette activité : la composition en éléments et l'organisation de ces éléments.

Le **document 1** prend comme exemple les minéraux d'un basalte pour étudier les caractéristiques de la matière minérale. L'utilisation d'un logiciel de visualisation de modèles de minéraux pourra permettre de faire pratiquer cette investigation aux élèves ou de généraliser les observations faites sur la forstérite à d'autres structures minérales.

Le **document 2** complète les observations précédentes et montre la prévalence de l'oxygène et du silicium dans la croûte terrestre, en s'intéressant à l'abondance des éléments sur l'ensemble de l'écorce.

Le modèle de membrane présenté dans le **document 3** a été choisi pour sa représentativité d'un échantillon de la matière vivante. Depuis le collège, les élèves savent que tous les êtres vivants sont constitués de cellules et l'existence de la membrane cellulaire est connue : il peut donc être intéressant d'étudier la matière qui constitue cette membrane.
Ici, deux cents chaînes lipidiques sont juxtaposées, entourées de milliers de molécules d'eau. L'objectif est de déterminer quels atomes constituent principalement cette matière et montrer l'arrangement de ces atomes (par comparaison avec l'arrangement cristallin de la matière minérale). La notion de lipides ainsi que la composition chimique de ceux-ci n'est pas attendue. En revanche, on pourra souligner que cet arrangement n'a rien de géométrique (à la différence de la matière minérale vue précédemment) et que la molécule d'eau est omniprésente. L'analyse d'un modèle membranaire, à l'aide d'un logiciel de visualisation de molécules, montrera aussi les atomes de phosphore et dans certains cas (phosphatidyl-choline) des atomes d'azote.

Là encore, l'activité peut être réalisée par les élèves ou complétée à l'aide d'un logiciel de visualisation moléculaire.

Le **document 4** utilise la même représentation que celle du **document 2**, pour la composition de la matière d'un être humain. Tous ces éléments ne correspondent pas uniquement à de la matière organique : la très forte teneur en oxygène est liée à la présence d'eau, le calcium et le phosphore constituent l'apatite et le carbonate des os.

2. Pistes de travail

Doc. 1 et Doc. 3

L'étude comparative de modèles moléculaires révèle des différences entre matière minérale et matière vivante.

Les éléments chimiques ne sont pas les mêmes. Dans un minéral comme l'olivine, on trouve du silicium, de l'oxygène et du magnésium. La membrane cellulaire est quant à elle essentiellement constituée de carbone, d'hydrogène et d'oxygène.

Par ailleurs, l'organisation du minéral apparaît très régulière et géométrique (forme d'un cube). La structure de la membrane est quant à elle plus complexe et moins ordonnée.

Doc. 2 et Doc. 4

Les diagrammes montrent que la matière minérale est principalement formée, dans l'ordre décroissant, des éléments oxygène, silicium, aluminium, fer, magnésium. La matière vivante est quant à elle principalement constituée des éléments oxygène, carbone, hydrogène, azote, phosphore.

Ainsi, qu'elle soit minérale ou vivante, la matière que l'on trouve sur Terre est constituée à partir des éléments chimiques disponibles dans l'Univers, mais dans des proportions qui diffèrent.

3. Ressources complémentaires

- En anglais : un site rassemblant des données sur la classification périodique des éléments. On peut en particulier visualiser l'abondance des éléments dans les chondrites, dans l'océan, etc. : http://www.periodictable.com/Properties/A/HumanAbundance.3d.wt.html
- Logiciel MinUSc (Minéraux à Usage Scolaire) pour la visualisation de structures minérales : http://www.librairiedemolecules.education.fr/outils/
- Les modèles moléculaires utilisés dans cette activité sont téléchargeables sur le site ressources : http://www.bordas-svtlycee.fr

ACTIVITÉ 2 Les molécules du vivant (p. 36-37)

Connaissances	Capacités et attitudes
Ces éléments chimiques se répartissent dans les diverses molécules constitutives des êtres vivants. Les êtres vivants se caractérisent par leur matière carbonée et leur richesse en eau.	Mettre en œuvre un processus (analyse chimique et/ou logiciel de visualisation moléculaire et/ou pratique documentaire) pour repérer quelques caractéristiques des molécules du vivant.

1. Les intentions pédagogiques

Dans les limites définies par le programme officiel (« Aucune étude biochimique exhaustive n'est attendue »), cette activité pratique permet de faire le lien entre les atomes caractéristiques de la matière vivante vus précédemment et les grandes catégories de molécules organiques connues des élèves. Conformément au programme, les tests chimiques proposés se limitent à démontrer la présence de carbone et d'eau. L'objectif n'est pas ici de caractériser spécifiquement telle ou telle matière organique.

Le **document 1** présente les trois grandes catégories de molécules du vivant, avec un modèle représentatif pour chacune. Les molécules ont été choisies pour leur familiarité (le sucre de table, l'huile d'arachide) et leur taille, permettant de faire la relation entre les atomes et les molécules qu'ils constituent en s'assemblant. L'utilisation d'un logiciel de visualisation moléculaire, ou l'exploration d'une banque de données de modèles moléculaires en ligne, pourra permettre de mener une investigation pratique ou de généraliser ces observations.

Les **documents 2** et **3** suggèrent des analyses chimiques simples de la matière vivante par combustion ou par déshydratation. Le contenu en eau de la matière vivante pourra être mis en relation avec les données du chapitre précédent concernant les conditions d'existence de la vie sur une planète.
Il serait bien sûr possible d'aller plus loin en proposant d'autres méthodes d'analyse chimique (chromatographie par exemple) mais le programme de Seconde étant très chargé, il apparaît suffisant de se limiter à ce premier niveau d'analyse.

2. Pistes de travail

Doc. 1 Trois molécules caractéristiques du vivant

Glucide	Lipide	Protide
Constitué de C, H, O	Constitué de C, H, O	Constitué de C, H, O, N, S
Autant de C que d'O	Prédominance du C	Relative abondance de l'N
Sucres simples et complexes	Matières grasses	Acides aminés, protéines

Doc. 2 Une première méthode simple d'analyse chimique

La présence de gouttelettes au sommet du tube montre que la vapeur issue du tube se condense en formant de l'eau liquide. Cette eau provient donc de l'échantillon que l'on a chauffé.
Les résidus obtenus après chauffage prolongé (combustion incomplète) sont des dépôts noirâtres caractérisant la présence de carbone.

Doc. 3 Déterminer la teneur en eau de la matière vivante

Les résultats de l'expérience peuvent s'expliquer de la façon suivante : pendant le passage à l'étuve, l'eau contenue dans l'échantillon s'est évaporée. La salade ayant perdu 90 % de sa masse environ, cela montre qu'elle est très riche en eau.
La matière vivante est formée principalement d'eau et de matière organique carbonée contenant les atomes carbone, hydrogène, oxygène, azote et soufre. Ces éléments sont organisés en molécules réparties en trois catégories principales en fonction de leur architecture et de leur propriétés : glucides, lipides, protides.

3. Ressources complémentaires

- Banque de données de modèles moléculaires : http://www.librairiedemolecules.education.fr
- Logiciels pour la visualisation de modèles moléculaires : http://www.librairiedemolecules.education.fr/outils/
- Composition de la matière vivante (aliments) : http://www.afssa.fr/TableCIQUAL/

ACTIVITÉ 3

De l'organisme à la cellule (p. 38-39)

Connaissances	Capacités et attitudes
La cellule est un espace limité par une membrane qui échange de la matière et de l'énergie avec son environnement.	Réaliser une préparation microscopique et/ou utiliser des logiciels et/ou organiser et recenser des informations pour distinguer les échelles : atome, molécule, cellule, organe, organisme et les ordres de grandeur associés.

1. Les intentions pédagogiques

Cette activité pratique simple vise à présenter en un ensemble cohérent les différents niveaux d'organisation du vivant. En effet, il a souvent été constaté que les élèves ont beaucoup de mal à appréhender ces différentes échelles : à ce stade, ils savent ce qu'est un organisme, ils ont déjà observé des cellules et viennent de comprendre que la matière constitutive des êtres vivants est constituée d'atomes organisés en molécules complexes. Il reste à compléter ces représentations et surtout à les relier entre elles.

Deux démarches sont envisageables :
– on peut partir de l'organisme pour aboutir à l'échelle moléculaire et retrouver ainsi ce qui a été vu au cours des deux premières activités pratiques du chapitre ;
– il est également possible de partir de l'échelle moléculaire pour montrer comment la matière s'organise successivement en cellules, organes, organisme.

Les auteurs ont opté pour la première démarche, plus facile à appréhender et plus proche de la démarche naturaliste d'observation du vivant.
Deux organismes ont été envisagés ici. Tous les documents comportent une échelle qui permettra aux élèves de faire des mesures car, comme le stipule le programme, il est souhaitable que les élèves prennent conscience de l'ordre de grandeur des tailles de ce qu'ils observent.
Des manipulations portant sur d'autres organismes ou organes pourront bien entendu être réalisées afin de généraliser ces conclusions.

Les **documents 1** et **2** portent sur l'organisation d'un être humain. L'utilisation d'une maquette anatomique démontable permet de bien mettre en évidence l'échelle des organes. Le foie a été choisi pour permettre de faire le lien entre un organe et une observation microscopique simple de ses cellules. On pourra ensuite localiser le glycogène à l'intérieur du cytoplasme des cellules hépatiques. On retrouve ainsi l'échelle moléculaire vue au cours de l'activité précédente. L'étude, avec un logiciel de visualisation moléculaire, de la molécule de glycogène peut d'ailleurs être l'occasion d'une évaluation et d'une consolidation des compétences normalement acquises précédemment.
La présence de glycogène pourra être associée à l'une des fonctions du foie et reliée au métabolisme énergétique étudié au cours de la partie 3.

Le **document 3** étend le champ des observations précédentes aux végétaux chlorophylliens. L'élodée permet également une observation simple des cellules par les élèves. On retrouve les niveaux d'organisation vus précédemment. Le végétal chlorophyllien est aussi un support de choix pour introduire un niveau d'organisation supplémentaire qui est celui de l'organite : en effet, on observe facilement que la chlorophylle est localisée dans des structures intracytoplasmiques bien délimitées et facilement observables. Des compléments seront apportés par l'activité 5 mais l'objectif n'est pas de faire une étude exhaustive des différents organites des cellules eucaryotes: il s'agit seulement de relever l'existence d'un niveau d'organisation intermédiaire entre l'échelle moléculaire et l'échelle cellulaire.

La présence de chlorophylle et de chloroplastes sera mise en relation avec le métabolisme de ces cellules (activité 4) et avec les conditions de la production de matière végétale.

2. Pistes de travail

Ces deux êtres vivants sont constitués d'organes, eux-mêmes formés d'un assemblage de nombreuses cellules. Dans les cellules, on trouve des organites (un noyau notamment) et un cytoplasme comportant des molécules. Les cellules végétales sont plus grandes que les cellules animales et comportent des organites contenant de la chlorophylle, les chloroplastes, que l'on ne retrouve pas dans les cellules animales.
Exploitation des observations: en plus des critères de réalisation propres au dessin d'observation ou à la capture numérique, on attend les éléments de légende suivants: membrane cellulaire, cytoplasme, noyau.

3. Ressources complémentaires

- Maquettes anatomiques: Jeulin, Pierron
- Observation de cellules de foie: http://www.didier-pol.net/2hepato.htm
- Cellules et échelles (« *cells and scale* »): animation interactive (en anglais) partant d'un grain de café, jusqu'à un atome de carbone: http://learn.genetics.utah.edu/content/cells/scale/
- La cellule animale (CNRS – Sagascience): http://www.cnrs.fr/cw/dossiers/doscel/accueil2.htm
- Les modèles moléculaires utilisés dans cette activité sont téléchargeables sur le site ressources: http://www.bordas-svtlycee.fr
- Logiciels pour la visualisation de modèles moléculaires: http://www.librairiedemolecules.education.fr/outils/

ACTIVITÉ 4 La cellule, siège des réactions chimiques de la vie (p. 40-41)

Connaissances	Capacités et attitudes
De nombreuses transformations chimiques se déroulent à l'intérieur de la cellule: elles constituent le métabolisme. Il est contrôlé par les conditions du milieu et par le patrimoine génétique. La cellule est un espace limité par une membrane qui échange de la matière et de l'énergie avec son environnement.	Mettre en œuvre un raisonnement expérimental pour: – montrer l'effet de mutations sur le métabolisme cellulaire et comprendre le rôle du génome; – repérer l'influence de l'environnement sur le fonctionnement d'une cellule; – comprendre les mécanismes d'une démonstration expérimentale: comparaisons, tests, témoins.

1. Les intentions pédagogiques

Cette activité est directement complémentaire de la précédente: après avoir constaté que la cellule est une unité structurale commune à tous les êtres vivants, il s'agit de montrer que c'est aussi une unité fonctionnelle, siège de ce que l'on appelle le métabolisme.

Un deuxième objectif, plus précis, est de montrer que le métabolisme dépend à la fois du programme génétique et de facteurs environnementaux.

Enfin, l'intérêt de cette activité est aussi méthodologique : les activités proposées ici constituent une excellente initiation à la démarche scientifique expérimentale.

Les exemples choisis correspondent évidemment à des fonctions bien précises (respiration, photosynthèse) : cependant, il ne s'agit pas du tout ici d'étudier ces divers types de métabolismes ou encore de faire la distinction entre autotrophie et hétérotrophie. Les exemples choisis ne sont que des supports pour illustrer ce que l'on appelle le métabolisme qui restera, à ce stade, défini comme un échange de matière et d'énergie.

Le **document 1** présente une expérience tout à fait réalisable en classe par les élèves. Cette première activité sera l'occasion de définir le métabolisme cellulaire et montrera un exemple de l'influence du patrimoine génétique sur ce métabolisme.
Les levures « rho - » sont mutantes : à ce stade, on définira simplement le terme de mutant par « dont le patrimoine génétique est différent ». En effet, c'est seulement au cours du chapitre suivant que les élèves pourront comprendre en quoi consiste le phénomène de mutation (modification de la séquence des nucléotides du message génétique).
Pour information : les levures « rho - » sont incapables de respirer du fait d'une mutation du cytochrome b, impliqué dans la chaîne respiratoire mitochondriale.

Grâce à cette expérience, on montre que deux souches de levures, dont le patrimoine génétique est différent mais qui sont placées exactement dans les mêmes conditions, n'effectuent pas les mêmes échanges avec le milieu dans lequel elles se trouvent. Même si l'objectif n'est pas de qualifier le métabolisme dont il s'agit, rien n'empêche, bien au contraire, de faire constater aux élèves qu'il s'agit ici de la respiration (les élèves ont vu, dès la classe de Cinquième, que la respiration consistait en une consommation du dioxygène présent dans le milieu environnant, air ou eau).
Une expérience du même type pourrait être réalisée avec des levures « sac - », incapables d'utiliser le saccharose.

Remarque : la légère différence constatée sur cet enregistrement entre la courbe du milieu A et celle du milieu C n'a pas de signification biologique.

La seconde expérience (**document 2**) permet de constater que le milieu environnant peut aussi influer sur le métabolisme. Il est important ici de bien faire comprendre au départ que toutes les expériences sont réalisées avec la même souche d'euglènes (donc de même patrimoine génétique). Dans de bonnes conditions d'éclairement, les levures effectuent la photosynthèse alors qu'à l'obscurité mais en présence de glucose, ces mêmes euglènes utilisent pour leur croissance une autre voie métabolique (la respiration).

Cette expérience montre par ailleurs que le métabolisme permet la croissance de la population cellulaire (donc la reproduction de la cellule) : ceci pourra être apprécié, éventuellement par dénombrement, en utilisant des lames quadrillées.

Un autre intérêt est de montrer que la modification de la voie métabolique utilisée s'accompagne de modifications structurales : à l'obscurité, les euglènes ne meurent pas (à condition de disposer de glucose) mais perdent leurs chloroplastes. On y distingue cependant des grains de paramylon (polymère glucidique spécifique des euglènes, non colorable par l'eau iodée).

2. Pistes de travail

Doc. 1 Une étude expérimentale du métabolisme de différentes souches de levures

La première mesure est une expérience témoin: elle sert de référence, permettant une comparaison avec les autres essais.

Les cultures B et C sont placées exactement dans les mêmes conditions. Or, on constate que dans le milieu B la concentration en dioxygène a diminué (par rapport au milieu A): les levures B ont donc consommé du dioxygène. Ce n'est pas le cas des levures du milieu C: les levures mutantes ne peuvent effectuer le métabolisme réalisé par les levures B.
Cette expérience montre donc que le patrimoine génétique gouverne le métabolisme, c'est-à-dire les échanges réalisés par les cellules et leur milieu.

Doc. 2 Le métabolisme de cellules chlorophylliennes

Si l'on compare le milieu B et le milieu A, on constate qu'à la lumière les euglènes sont capables de se reproduire en absence de glucose et conservent leur couleur verte due à la chlorophylle présente dans leurs chloroplastes.

La comparaison du milieu C et du milieu B montre qu'à l'obscurité les euglènes peuvent se reproduire à condition de disposer de glucose. Elles perdent alors leur couleur verte et accumulent des réserves glucidiques.
Les mêmes euglènes, placées dans des conditions différentes, développent donc des métabolismes différents.

Les cellules effectuent donc des échanges avec leur milieu: c'est ce qu'on appelle le métabolisme.
Ces expériences montrent que le métabolisme des cellules dépend du patrimoine génétique mais aussi des conditions environnementales dans lesquelles ces cellules sont placées.

3. Ressources complémentaires

- Levures, euglènes, matériels ExAO: Sordalab, Jeulin
- Protocoles détaillés: site ressources du manuel: http://www.bordas-svtlycee.fr

ACTIVITÉ 5 La cellule: indice d'une parenté entre les êtres vivants (p. 42-43)

Connaissances	Capacités et attitudes
Cette unité structurale et fonctionnelle (la cellule) commune à tous les êtres vivants est un indice de leur parenté.	Comparer des ultrastructures cellulaires pour illustrer la parenté entre les êtres vivants.

1. Les intentions pédagogiques

Depuis le collège (classe de Sixième), les élèves savent que l'organisation en cellule(s) fonde l'unité du vivant et est un argument de poids en faveur de l'idée de parenté entre tous les êtres vivants. En classe de Seconde, il est possible d'aller un peu plus loin.
Au cours de cette activité, il est proposé une étude un peu plus approfondie de l'ultrastructure cellulaire. Cependant, l'objectif n'est absolument pas l'étude des divers organites cellulaires pour eux-mêmes. Il s'agit seulement de montrer que l'étude de

quelques structures intracellulaires permet de confirmer la parenté des êtres vivants mais aussi de préciser ces relations de parenté et de fonder les premières grandes subdivisions d'une classification évolutive du monde vivant.
Deux grandes subdivisions pourront ainsi être établies : distinction entre procaryotes et eucaryotes, et, au sein de ces derniers, la « lignée verte ».

Les **documents 1** et **2** ont deux objectifs : tout d'abord, présenter des organites afin de comprendre ce qu'on appelle compartimentation. Un organite sera ainsi défini comme un élément intracytoplasmique délimité par un système membranaire et possédant une fonction précise. Ensuite, on constatera que, si la quasi-totalité des cellules possèdent des mitochondries, seules certaines d'entre elles possèdent des chloroplastes. Le rôle de ces organites pourra être mentionné (d'autant qu'il complète l'étude du métabolisme cellulaire de l'activité précédente) mais, conformément au programme, ce n'est pas l'objectif de cette activité.

Après avoir vu l'existence de quelques organites et donc illustré la notion de compartimentation cellulaire, le **document 3** permet de montrer que certaines cellules ont une organisation plus simple, sans organites, sans compartimentation, y compris l'absence de noyau délimité par une membrane (ce qui ne signifie pas cependant absence de métabolisme ou d'information génétique). L'observation de cellules procaryotes au microscope optique ne permet certes pas ce niveau de discernement mais permettra aux élèves de compléter leur représentation de l'ordre de grandeur des structures observées : la dimension d'une cellule procaryote est à peu près celle d'un organite d'une cellule eucaryote.
Un exercice d'approfondissement (exercice 7, page 49) permettra aux élèves de comprendre l'hypothèse « endosymbiotique », susceptible d'expliquer l'apparition des cellules eucaryotes.

Le **document 4** présente sous la forme d'un tableau (matrice « taxons-caractères ») une synthèse des observations effectuées, en reprenant les organismes étudiés au cours de ce chapitre. À partir de ce tableau, il est possible de construire un arbre phylogénétique présentant les principales subdivisions du vivant.

N.B. : l'expression « lignée verte » a été préférée à l'expression « organismes chlorophylliens » car elle est plus rigoureuse. En effet, la possession de chlorophylle ne fonde pas un groupe monophylétique. Plusieurs endosymbioses de procaryotes chlorophylliens se sont effectuées au cours de l'évolution, conduisant à la formation de plusieurs groupes distincts (« algues brunes » par exemple).

2. Pistes de travail

Doc. 1 et Doc. 2

Les cellules animales et végétales sont compartimentées : elles possèdent, dans leur cytoplasme, plusieurs éléments bien délimités par une membrane et ayant une fonction précise : noyau (information génétique), mitochondrie (métabolisme respiratoire). Les cellules végétales comportent en outre des chloroplastes (métabolisme photosynthétique).

Doc. 3 L'observation de bactéries au microscope

La cellule bactérienne est plus petite et n'est pas compartimentée, il n'y a pas d'organites : l'information génétique est libre dans le cytoplasme et les réactions du métabolisme se déroulent dans l'ensemble de l'espace cytoplasmique.

Doc. 4 **Établir des relations de parenté à partir de la structure des cellules**

L'organisation en cellules est un caractère commun à tous les êtres vivants : la cellule fonde l'unité du vivant et montre la parenté entre tous les êtres vivants. Au sein de ceux-ci, certains ont acquis (héritée d'un ancêtre commun) une organisation cellulaire plus complexe avec présence d'organites (noyau, mitochondrie). Parmi ces organismes, seuls certains sont dotés de chloroplastes. Il est donc possible de constituer des groupes emboîtés ou un arbre phylogénétique : monde vivant, procaryotes, eucaryotes, lignée verte.

Représentation sous forme de groupes emboîtés :

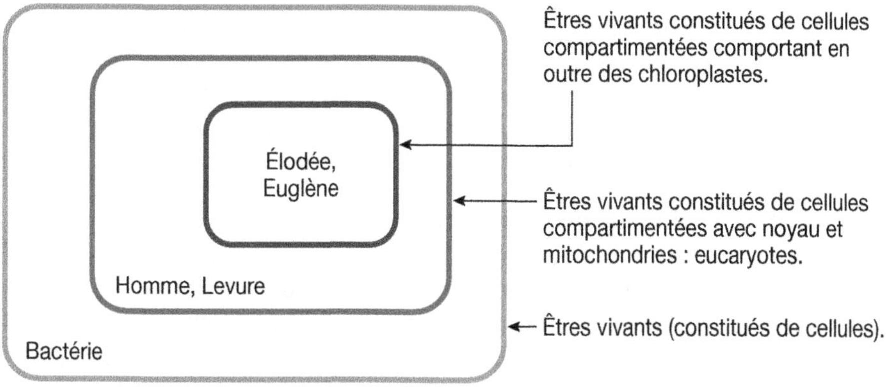

Représentation sous forme d'arbre phylogénétique :

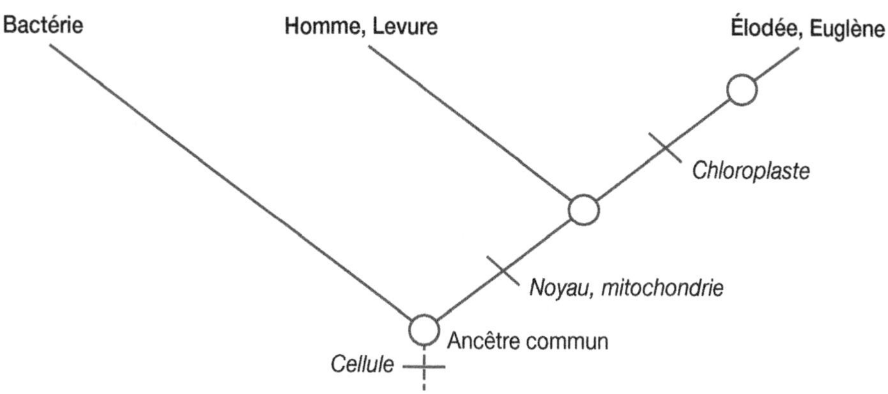

Exercices

La correction des exercices 1 à 5 figure dans le manuel page 278.

Exercice 6 Une démonstration expérimentale

Cet exercice a pour objectif de faire réfléchir à la rigueur de la démarche expérimentale : nécessité de ne faire varier qu'un seul paramètre, nécessité d'une expérience témoin. À noter que dans ces QCM, il peut y avoir plusieurs bonnes réponses.

Les bonnes réponses sont donc les réponses **b** et **d**.

Exercice 7 **Exercice guidé : Métabolisme et condition du milieu**

Le but de cet exercice n'est pas d'étudier la fermentation alcoolique mais seulement de montrer comment on peut distinguer l'existence de deux types de métabolisme différents.

1. Le métabolisme des levures est matérialisé ici par la variation de trois paramètres qui révèlent des échanges entre les cellules et leur milieu : O_2, CO_2, éthanol. D'après le graphique, on constate clairement deux périodes : 0 à 180 s, au-delà de 180 s. Chacune de ces périodes est en effet caractérisée par des variations différentes des trois paramètres, correspondant à des échanges et donc à des métabolismes différents.

2. De 0 à 180 s, les levures consomment du dioxygène et rejettent du dioxyde de carbone. Après 180 s, les levures ne consomment pas de dioxygène, rejettent du dioxyde de carbone en très grande quantité et produisent de l'éthanol.

3. Après 180 s, il n'y a plus de dioxygène dans le milieu : les levures ne peuvent donc plus en consommer. C'est probablement la cause de l'arrêt du premier type de métabolisme (respiration) et du développement d'un autre processus.

Exercice 8 **Minérale ou organique ?**

1. Glucose, essence, méthane, cire d'abeille, huile d'olive sont des matières organiques car ce sont des molécules comportant des atomes de carbone associés à des atomes d'hydrogène. Les autres molécules sont donc minérales.

2. Les premières définitions données ici sont approximatives : par exemple, on pourrait considérer que le CO_2 puisse être d'origine vivante. Or, c'est une molécule minérale, au sens chimique du terme. En revanche, un gaz comme le méthane ou l'essence n'entrent pas dans la composition du monde vivant mais sont des molécules organiques.

Exercice 9 **Des macromolécules**

La cellulose est une molécule constituée par la répétition, l'enchaînement, de très nombreuses molécules de glucose. Le collagène est formé par l'association de nombreuses molécules de proline et de glycine (l'acide palmitique n'entre pas dans la composition de ces deux molécules).

Exercice 10 **Une théorie intéressante**

1. Cette cellule est qualifiée de procaryote car elle ne possède pas d'organites, elle n'est pas compartimentée.

2. Cette cellule ressemble en fait à un chloroplaste : dimension comparable, présence de molécules de chlorophylle.

3. Légendes : cellule eucaryote non chlorophyllienne (membrane cellulaire, noyau, mitochondrie), bactérie photosynthétique, cellule eucaryote chlorophyllienne (membrane cellulaire, noyau, mitochondrie, chloroplaste).

Exercice 11 **Une propriété de la membrane cellulaire**

Il est attendu de démontrer expérimentalement que les lipides ne sont pas solubles dans l'eau et forment des gouttelettes qui ne se mélangent pas à l'eau. L'étude du modèle de membrane cellulaire montre clairement la localisation des molécules d'eau de part et d'autre d'une double couche de lipides associés « tête-bêche ».

Huile	*Insoluble dans l'eau, formation de gouttelettes*
Sucre	*Soluble dans l'eau*
Blanc d'œuf	*Soluble dans l'eau*

	Saccharose	Lipide	Acide aminé	Membrane
C	Oui	Oui	Oui	Oui
H	Oui	Oui	Oui	Oui
O	Oui	Oui (faible quantité)	Oui	Oui (faible quantité)
N	Non	Non	Oui	Non

La membrane est essentiellement constituée de lipides : les longues chaînes de C et H se juxtaposent parallèlement et s'associent en deux couches « fuyant » l'eau. Il se forme alors un « film » délimitant des compartiments aqueux. C'est donc l'insolubilité des lipides dans l'eau qui leur permet de jouer le rôle de membrane.

Tâche complexe

La place des champignons dans le monde vivant (p. 52-53)

Les intentions pédagogiques

Cette « tâche complexe » reprend les objectifs de l'activité 5 : en se fondant sur certaines caractéristiques des cellules, il est possible d'établir et de préciser des relations de parentés. On précise et on utilise des connaissances très simples relatives aux molécules du vivant et aux structures cellulaires et on met en œuvre le raisonnement (déjà abordé en classe de Troisième et même en classe de Sixième) qui permet d'établir des relations de parenté. On comprend alors sur quelles bases scientifiques reposent les grandes subdivisions du monde vivant.

L'objectif est également d'exercer un esprit critique : par un raisonnement rigoureux, les élèves sont amenés à réfuter certaines représentations, alors qu'elles apparaissent *a priori* plausibles, et à valider, arguments à l'appui, une réponse qui pourra les surprendre. Les élèves constateront que le savoir scientifique n'est pas définitif : certaines connaissances qui ont pu avoir du crédit peuvent et doivent être remises en cause.

Les documents

Le **document 1** propose quelques argumentaires. Les élèves pourront trier, dans les affirmations et modèles qui leur sont proposés, ce qui est exact de ce qui ne l'est pas, ce qui relève d'un raisonnement rigoureux ou au contraire incorrect.

La lecture de ce document orientera les élèves dans leur recherche. Ils pourront ensuite y revenir, avant de proposer leur réponse et après avoir analysé les autres documents. Jordan commet l'erreur de raisonner sur une simple ressemblance qui n'est pas une homologie héritée d'un ancêtre commun.

Valentine propose une observation qui est juste mais base son raisonnement sur l'absence de caractère : son raisonnement est d'ailleurs réfuté avec raison par Maria.

Maria propose un arbre qui peut paraître cohérent, mais l'étude des documents montrera que la paroi des champignons et celle des plantes n'est pas homologue.

Maxime propose une solution qui va s'avérer exacte mais ne précise pas sur quels arguments elle est fondée. C'est précisément la tâche qui incombe aux élèves.

Le **document 2** donne des informations sur les molécules glucidiques dont il est question dans les **documents 3**, **4** et **5**. Il n'est pas question d'entrer dans les détails de la biochimie des glucides. L'intérêt de ce document est de montrer que toutes ces macromolécules sont des dérivés du glucose, mais aussi de constater que chacune a ses spécificités. Si l'on applique le principe de parcimonie, on comprendra que la possession par deux êtres vivants de l'une d'entre elles est un indice de parenté (héritage d'un ancêtre commun).

Le **document 3** donne deux informations importantes :
- le glycogène est un glucide de réserve fréquent dans les cellules animales (déjà vu au cours de l'activité 3) ;
- la chitine est une molécule qui caractérise l'exosquelette des arthropodes.

Le **document 4** apporte quant à lui des informations concernant les champignons : réserves intracellulaires de glycogène, paroi cellulaire rigide constituée de chitine.

Le **document 5** permet d'établir trois caractéristiques propres aux cellules végétales :
- présence de chloroplastes ;
- réserves sous forme d'amidon ;
- paroi constituée de cellulose.

Démarches possibles

La mise en relation des documents doit conduire à proposer une solution compatible avec l'ensemble des données.

La mise en relation des **documents 3** et **4** va permettre de fonder le regroupement des animaux et des champignons. Un retour sur l'activité 5 du chapitre (suggéré en aide) peut permettre de revoir les bases du raisonnement permettant d'établir ce regroupement.

Il est également possible d'utiliser les informations pour critiquer ou utiliser les affirmations avancées par le **document 1**. Le **document 5** permet par exemple de réfuter l'arbre proposé par Maria : la paroi des champignons n'est pas la même que celle des cellules végétales. On peut être amené à la solution en modifiant l'arbre proposé par Maria.

Production attendue

Il est finalement possible d'établir l'arbre suivant, fondé sur le partage exclusif de caractères :

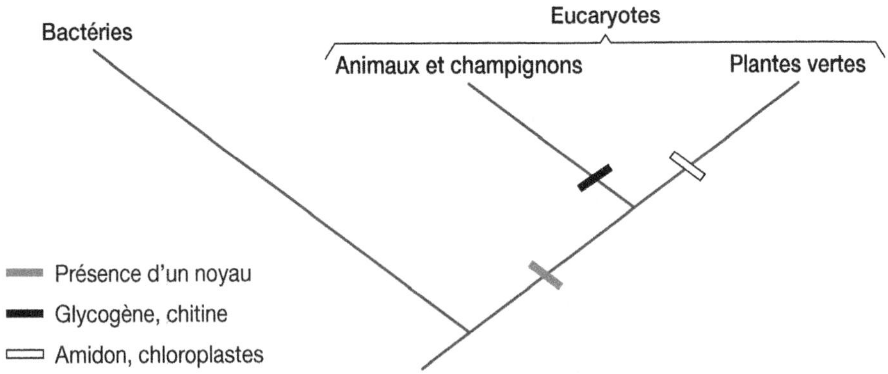

Pour information : dans la classification actuelle, les animaux (métazoaires) et les champignons appartiennent bien à un même groupe, les opisthocontes, qui se distingue des représentants de la « lignée verte ».

CHAPITRE 3

L'ADN, support de l'information génétique

ACTIVITÉ 1

L'ADN, un langage universel (p. 56-57)

Connaissances	Capacités et attitudes
La transgénèse montre que l'information génétique est contenue dans la molécule d'ADN et qu'elle y est inscrite dans un langage universel. L'universalité du rôle de l'ADN est un indice de la parenté des êtres vivants.	Recenser, extraire et organiser des informations pour mettre en évidence l'universalité de l'ADN.

1. Les intentions pédagogiques

Cette double page permet de reprendre des notions acquises en classe de Troisième sur l'information génétique chez les êtres humains et en montre l'universalité. Dans cette activité, l'élève met en œuvre des capacités qu'il travaille depuis le Collège, il s'exerce sur des exemples variés qui permettent de vérifier sa compréhension de notions déjà connues. Les différentes informations extraites sont à organiser pour montrer que la transgénèse n'est pas qu'un outil utile dans de nombreux domaines mais qu'elle met aussi en évidence l'universalité du message génétique.

Le **document 1** permet, après avoir replacé dans le temps la découverte et l'utilisation du gène de la GFP, de faire la relation entre ce gène et le caractère nouveau qu'il apporte.

Le **document 2** montre qu'un gène transféré dans des espèces différentes exprime le même caractère. D'autre part, ce caractère est transmis de génération en génération et de cellule mère à cellule fille, ce qui prouve son caractère héréditaire.

Il s'agit, à travers l'exemple du gène de la protéine GFP, de montrer qu'un fragment d'ADN prélevé chez une méduse peut être transféré chez un mammifère ou un végétal, et interprété par chaque receveur comme son propre ADN. C'est une première étape de la compréhension de la notion d'universalité de la molécule d'ADN.

L'étude de la GFP peut être l'objet d'un approfondissement (accompagnement personnalisé) quant à ses différentes utilisations dans la recherche actuelle et dans le milieu artistique (MPS).

Les **documents 3** et **4** proposent des exemples plus classiques que les deux documents précédents : la production de maïs BT et de molécules thérapeutiques.

Dans le **document 3** sont évoqués :

– certains aspects d'une technique employée dans le domaine agro-alimentaire ;

– l'utilisation d'un gène bactérien pour lutter contre les insectes parasites des plants de maïs.

Les étapes de la fabrication d'un OGM sont présentées sous forme d'un schéma. C'est une aide à la compréhension sans qu'il soit cependant nécessaire de connaître les détails de la technique.

Le **document 4** montre que la transgénèse est aujourd'hui testée dans de nombreux domaines. Certains de ces tests ouvrent des perspectives biomédicales intéressantes, notamment en produisant des molécules médicamenteuses.

Éventuellement, les **documents 3** et **4** pourront servir de base de discussion sur les avantages et inconvénients des OGM.

2. Pistes de travail

Doc. 1 et Doc. 2

La lecture attentive et la compréhension d'un vocabulaire scientifique connu depuis la Troisième sont nécessaires à la réussite de cette activité. La fluorescence est constatée pour toutes les cellules d'une lignée de souris. C'est un caractère héréditaire, donc dû à un gène.

Doc. 3 L'exemple de la fabrication d'un maïs résistant à un insecte ravageur

« L'insecticide » bactérien produit par le maïs est la conséquence du transfert du gène bactérien. Ainsi, le maïs a intégré dans son génome le gène d'intérêt issu de la bactérie. Ce dernier a la même propriété que dans l'organisme dont il est issu : il permet la production d'un « insecticide » et protège le maïs de la pyrale.

Document	Organisme donneur	Gène transféré	Organisme génétiquement modifié
Doc. 1	Méduse du Pacifique	Gène de la protéine GFP	Bactéries
Doc. 2	Méduse du Pacifique	Gène de la protéine GFP	Souris et racine de maïs
Doc. 3	Bactérie *Bacillus thuringiensis*	Gène contrôlant une substance « insecticide »	Maïs
Doc. 4	Homme Araignée	Gènes de protéines humaines Gènes contrôlant la production du fil de soie	Chèvre

Doc. 4 De la ferme à la pharmacie

Les différents transferts opérés ne peuvent être opérants que si l'organisme donneur et l'organisme receveur (OGM) « comprennent » le fragment d'ADN mis en jeu de la même manière et donc sont capables d'interpréter le même type d'information génétique. On veut insister sur le fait qu'actuellement les techniques sont suffisamment maîtrisées pour produire des molécules aux vertus thérapeutiques.

3. Ressources complémentaires

- En anglais : un site de l'université du Connecticut sur les usages de la GFP : http://www.conncoll.edu/ccacad/zimmer/GFP-ww/GFP-1.htm
- Page sur la GFP, sur le site Vie : http://www.snv.jussieu.fr/vie/dossiers/gfp/gfp.html
- En français, un site de la filière semence : http://www.gnis-pedagogie.org/biotechnologie-amelioration-transgenese-etape.html
- Conférence de l'université de tous les savoirs : La transgénèse et ses applications par Houdebine Louis-Marie : https://www.canal-u.tv/video/universite_de_tous_les_savoirs/la_transgenese_et_ses_applications.855
- En français, un site de l'ENS de Lyon sur la Transgénèse : http://acces.ens-lyon.fr/biotic/biomol/transgen/html/descript.htm

ACTIVITÉ 2

L'organisation de la molécule d'ADN (p. 58-59)

Connaissances	Capacités et attitudes
La transgénèse montre que l'information génétique est contenue dans la molécule d'ADN et qu'elle y est inscrite dans un langage universel.	Mettre en œuvre une méthode (démarche historique et/ou utilisation de logiciel et/ou pratique documentaire) permettant d'approcher la structure de l'ADN.

1. Les intentions pédagogiques

Cette activité se propose de mettre en évidence la structure de l'ADN commune à tous les êtres vivants. L'approche privilégiée dans cette activité est une mise en parallèle du modèle actuel de la structure de la molécule d'ADN et d'éléments historiques destinés à faire réfléchir l'élève sur les étapes qui ont permis d'établir cette structure. Il est aussi possible d'adopter une autre démarche : partir des données historiques pour montrer la construction progressive du modèle actuel par une démarche d'investigation. Cette activité favorise l'utilisation d'un logiciel de modélisation moléculaire, capacité évaluée lors de l'ECE en Terminale. Les références à l'histoire des sciences peuvent être aussi l'occasion de discuter la construction et le statut d'un modèle.

Le **document 1** permet de rappeler les atomes principaux qui composent les macromolécules du vivant, de mettre en évidence la structure en double hélice et d'aborder comment les scientifiques ont pu construire en partie ce modèle.

L'utilisateur est incité à utiliser une visionneuse de molécule (Rasmol, Rastop, Jmol, Molusc, etc.) à la découverte de certains caractères de la molécule d'ADN.

Le **document 2** complète les observations précédentes. De la même manière, l'élève découvre un nouveau type de molécules, les acides nucléiques.

La visualisation précédente et les différents modes d'affichage testés avec le logiciel utilisé doivent conduire à constater la répétition de motifs de base dans deux chaînes organisées en double hélice. Ces motifs sont les quatre nucléotides (désignés par la base azotée qui entre dans leur composition) : adénine, cytosine, guanine et thymine. Une observation soignée et les résultats de Chargaff doivent permettre d'introduire la notion de complémentarité des nucléotides.

2. Pistes de travail

Doc. 1 L'exploration d'un modèle d'ADN

La visionneuse de molécules permet de vérifier :

– la présence de deux hélices dans le modèle d'ADN ;

– la dizaine de nucléotides constituant chaque tour d'hélice ;

– la distance approximative entre deux nucléotides successifs.

On retrouve ainsi les données du texte et donc certaines propriétés de l'ADN.

Doc. 2 Des associations caractéristiques

La complémentarité des bases A/T et C/G (visualisée avec le logiciel) permet d'expliquer les résultats de Chargaff et notamment le fait que le rapport A/T ou G/C est à peu près égal à 1 chez toutes les espèces considérées.

3. Ressources complémentaires

- En français, page sur la découverte de la structure de l'ADN sur le site vie :
  http://www.snv.jussieu.fr/vie/documents/decouverteadn/
- En français, page sur l'universalité et la variabilité de la molécule d'ADN :
  http://acces.ens-lyon.fr/acces/ressources/dyna/universalite-et-variabilite-de-la-molecule-dadn

ACTIVITÉ

3 Le langage codé de l'ADN (p. 60-61)

Connaissances	Capacités et attitudes
La transgénèse montre que l'information génétique est contenue dans la molécule d'ADN et qu'elle y est inscrite dans un langage universel.	Mettre en œuvre une méthode (démarche historique et/ou utilisation de logiciel et/ou pratique documentaire) permettant d'approcher la structure de l'ADN et la nature du message codé.

1. Les intentions pédagogiques

Après avoir mis en évidence l'universalité de la structure secondaire de l'ADN, l'objectif de cette activité est de montrer la variabilité de la structure primaire. Ainsi, on peut expliquer comment l'information est codée sans toutefois aller jusqu'au code génétique. Les observations se situent entre espèces et entre gènes d'une même espèce avant de détailler un exemple connu : la levure.
L'outil informatique est là aussi privilégié avec une première approche de l'utilisation d'Anagène ou de GenieGen.

En comparant les ADN de trois êtres vivants très différents (bactérie, plante à fleurs, mammifère), le **document 1** doit renforcer l'idée de l'universalité du message génétique. En comparant différents gènes d'une même espèce, le **document 2** permet d'évoquer la complexité et la longueur des messages « inscrits » dans la molécule d'ADN. C'est la première étape de l'installation de la notion de séquence des nucléotides de l'ADN : la succession des bases est un langage codé.

Le document 3 veut préciser la notion de gène et le lien entre gène et ADN. Les gènes peuvent se succéder le long de l'ADN d'un chromosome. Ils sont séparés par des régions plus ou moins longues dont la fonction est indéterminée.

2. Pistes de travail

Doc. 1 Fragments d'ADN de trois espèces différentes

La structure de l'ADN est commune à tous les êtres vivants. Quel que soit l'ADN étudié, on retrouve toujours la double hélice, les mêmes distances moyennes entre nucléotides, les mêmes quatre nucléotides et leur complémentarité.
En revanche, on peut noter des différences de séquence de ces nucléotides sur des fragments appartenant à des espèces différentes.

Doc. 2 Comparaison d'un fragment de cinq gènes différents appartenant à l'espèce humaine

La comparaison met en évidence une différence de séquence de différents gènes d'une même espèce. La séquence est donc un caractère important de l'ADN, au cœur de l'information génétique. La succession des quatre nucléotides de l'ADN est un langage codé à quatre lettres.

Doc. 3 **Quelques messages génétiques sur un fragment de chromosome de la levure**

Un gène doit être caractérisé par :
- sa séquence de nucléotides déterminée ;
- sa fonction, c'est-à-dire les molécules dont il contrôle la production.

En terme de bilan, un être vivant unicellulaire tel que la levure de bière, apparemment d'organisation assez simple, contient plusieurs milliers de gènes différents.

ACTIVITÉ 4

Diversité génétique et variabilité de l'ADN (p. 62-63)

Connaissances	Capacités et attitudes
La variation génétique repose sur la variabilité de la molécule d'ADN (mutation).	Mettre en œuvre une méthode (démarche historique et/ou utilisation de logiciel et/ou pratique documentaire) permettant d'approcher la structure de l'ADN et la nature du message codé.

1. Les intentions pédagogiques

Les différents exemples présentés dans cette activité illustrent la variabilité génétique. L'exemple des groupes sanguins souvent abordé au Collège permet de stabiliser la notion de gène et d'allèles. L'étude au niveau de la séquence apporte l'origine de cette variabilité : la mutation.

Les exemples présentés dans les **documents 1** et **2** sont destinés à définir des termes utiles et à reprendre les notions du Collège.

Le **document 3** montre que la séquence d'un gène n'est pas immuable. Elle peut subir des mutations, c'est-à-dire des modifications brutales et imprévisibles qui peuvent, dans certaines conditions, devenir héréditaires. L'étude des groupes sanguins est le prétexte utilisé pour introduire la notion de mutation et de variabilité des gènes (existence d'allèles). Cet exemple permet aussi de montrer la relation entre l'information génétique et certains caractères apparents de l'Homme.

2. Pistes de travail

Doc. 1 et **Doc. 2**

Un mutant est un individu qui diffère de la population dont il est issu par un caractère nouveau dont l'origine est une modification de l'ADN.

Doc. 3 **La comparaison des allèles A, B et O du gène qui détermine le groupe sanguin**

Les allèles d'un gène sont les différentes versions (fréquence > 1 % dans la population) de ce gène. Ils sont toujours placés à l'emplacement d'origine du gène et ne diffèrent entre eux et du gène initial que par une ou quelques modifications de la séquence des nucléotides (par exemple, quatre différences entre les allèles A et B sur un total de 1 062 nucléotides, une seule entre A et O). Ces observations sont expliquées par l'origine commune des différents allèles d'un gène et l'intervention d'un petit nombre de mutations pour passer d'une forme à l'autre.

La correction des exercices 1 à 5 figure dans le manuel page 278.

Exercice 6 Des puces à ADN

a. Exact.

b. Inexact. Une puce à ADN est un puits portant un fragment d'ADN simple brin.

c. Inexact. Elle permet la détection de fragments d'ADN simple brin complémentaires de ceux des puces.

Exercice 7 Des bactéries productrices d'insuline humaine

1. Donneur = Homme.
Receveur = bactérie *Escherichia coli.*
ADN transféré = gène de l'insuline humaine.
Le gène transféré contrôle la production de l'insuline humaine, une hormone dont le déficit provoque le diabète.

2. Les bactéries modifiées fabriquent de l'insuline humaine : elles maîtrisent donc l'information génétique de l'Homme et l'utilisent comme la leur.

3. Sous contrôle de l'Homme, les bactéries modifiées se divisent très rapidement et forment des clones formés d'innombrables bactéries capables de produire l'insuline.

Exercice 8 Des bactéries qui donnent des ordres aux plantes !

Les bonnes réponses sont :
1 : c
2 : b
3 : c

Exercice 9 Une découverte historique

Lors de l'expérience de Griffith, de l'ADN est passé spontanément des bactéries virulentes tuées aux bactéries inoffensives vivantes. Ces dernières, disposant d'ADN leur permettant de produire une coque protectrice, sont ainsi devenues virulentes et ont transmis leur virulence à leurs descendantes.

Exercice 10 Une variation d'origine génétique chez la levure

	Allèle Cdc 2 normal	Allèle Cdc 2 TS	Allèle Cdc 2 DP
Longueur	894 nucléotides	894 nucléotides	894 nucléotides
Comparaison de la séquence par rapport à l'allèle normal		Substitution du nucléotide 124 G en A	Substitution du nucléotide 200 G en A

La comparaison des séquences d'ADN (fournies dans les données du logiciel Anagène) révèle des mutations ponctuelles. Le message génétique étant modifié, on peut supposer que l'effet commandé par le gène le sera aussi. Dans un cas, le moment de la division cellulaire sera plus tardif (souche TS) et les cellules seront plus grandes, dans un autre cas, le moment de la division cellulaire sera plus précoce (souche DP) et les cellules seront donc plus petites.

Se soigner en utilisant des virus ! (p. 72-73)

Les intentions pédagogiques

Les notions concernant l'universalité de la molécule d'ADN ont été mises en place dans les activités du chapitre. L'activité 2 a permis de montrer que la structure de l'ADN était commune à tous les êtres vivants ; les activités 1 et 3 ont mis en évidence l'universalité du langage porté par cette molécule. Par ailleurs la notion de virus a été abordée au Collège.

L'objectif de cette tâche complexe est de faire comprendre comment on peut développer des stratégies thérapeutiques basées sur les propriétés des virus d'une part et de la molécule d'ADN d'autre part. Il s'agit aussi de montrer que ce résultat est l'aboutissement d'une mutualisation de connaissances diverses sur la cellule et les organismes, et que les avancées scientifiques ne sont pas le seul fait de disciplines isolées.

Pour réussir cette tâche, il faut :
- maîtriser les notions d'ADN, d'universalité de la molécule d'ADN et de cycle viral ;
- avoir compris qu'un virus contient une information génétique (sous forme d'ADN dans cet exemple) et que cet ADN porte l'information permettant de fabriquer de nouvelles particules virales ;
- adapter le discours et la schématisation à un jeune public non averti.

Les documents

Le **document 1** présente des particules virales au contact de la membrane d'une cellule hôte ou dans son environnement proche. Ces photos pourront être mises en relation avec le **document 2** qui schématise le cycle viral.

Le **document 2** représente le cycle de multiplication d'un virus tel qu'il a pu être vu en Troisième. Dans ce document, les informations importantes à saisir sont :
- la capacité du virus à introduire son ADN dans la cellule hôte ;
- l'intégration de l'ADN viral à l'ADN de la cellule ;
- la production de nouvelles particules virales par cette cellule hôte qui exploite l'information génétique du virus.

Le **document 3** donne des informations sur l'organisation du virus et son ADN confirmant ainsi une structure similaire à celle de l'ADN des organismes vivants. On apprend que cet ADN viral contient des gènes qui permettent de parasiter la cellule hôte et d'autres qui sont responsables du dysfonctionnement cellulaire.
Il faut comprendre ici qu'il est nécessaire de supprimer ces derniers pour utiliser, sans danger, les virus à des fins thérapeutiques.

Le **document 4** est un schéma montrant :
- le principe de la suppression d'une partie de l'information génétique du virus (notamment celle permettant la fabrication de nouvelles particules virales ; à relier au document 3) et l'insertion de nouveaux gènes, ceux qu'on cherche à transférer ;
- les deux techniques (*in vitro* et *in vivo*) permettant la mise en contact du virus modifié avec les cellules à soigner.

Production attendue

On attend un texte complété par un schéma rédigé à la manière d'un article scientifique. Il devra être simple et montrer que les élèves ont compris le principe de la thérapie génique. Le vocabulaire et le niveau de langage seront adaptés à un niveau qui pourra être préalablement défini avec le professeur. On évitera les termes ou expressions scientifiques complexes (ou alors ils seront assortis de définitions).

Le schéma pourra être un schéma de synthèse ou un schéma illustrant un des aspects de la technique ; il devra être complémentaire du texte. On évitera qu'il soit une simple illustration d'un propos déjà bien détaillé par ailleurs.

La mise en relation des différents documents expliquera que l'utilisation thérapeutique des virus est basée sur leur propriété à insérer de l'ADN dans les cellules qu'ils parasitent. On exploite cette propriété afin d'intégrer un ou des gènes « sains » dans certaines cellules qui ont des informations génétiques manquantes ou altérées. Cependant, il est nécessaire, au préalable, de modifier l'information génétique du virus afin qu'il n'ait plus son pouvoir pathogène (on « enlève » certains gènes viraux responsables de maladies).

CHAPITRE 4

Diversité et parenté du vivant

ACTIVITÉ 1

Étudier la biodiversité à l'échelle locale (p. 76-77)

Connaissances	Capacités et attitudes
La biodiversité est à la fois la diversité des écosystèmes, la diversité des espèces et la diversité génétique au sein des espèces.	Manipuler, extraire et organiser des informations, si possible sur le terrain, pour : repérer les divers aspects de la biodiversité dans une situation donnée ; mettre en évidence l'influence de l'Homme sur la biodiversité. Utiliser des outils simples de détermination d'espèces végétales ou animales (actuelles ou fossiles) pour mettre en évidence la biodiversité d'un milieu.

1. Les intentions pédagogiques

Cette activité montre comment une sortie sur le terrain permet de repérer les trois aspects de la biodiversité. Celle-ci s'observe facilement sur le terrain, même dans des zones urbanisées. Les documents proposés ici montrent ce qu'il est possible de faire lors d'une sortie sur le terrain. Il s'agit donc davantage d'éléments méthodologiques que d'exemples à étudier : chacun explorera un ou deux milieux proches de son établissement.

Les **documents 1** et **2** proposent des éléments pour étudier la flore et le sol de deux milieux.

Pour les classes n'ayant pas fait de sortie, les **documents 3** à **5** fournissent des résultats d'observation comparables à ce qui aurait pu être fait par des élèves sur le terrain. On peut donc utiliser cette activité, soit pour préparer une sortie sur le terrain, soit pour la remplacer. La biodiversité au niveau des individus est illustrée par les orchidées, celle des espèces par les recensements des **documents 3** et **4**, celle des écosystèmes par les deux sites A et B.

2. Pistes de travail

Exemple de tableau pouvant être réalisé :

Site	A	B
Type de milieu	Pelouse sèche	Zone humide
Nombre d'espèces végétales	9	9
Espèces végétales dominantes	Brome érigé, liseron cantabrique	Carex des rives, aulne glutineux, iris jaune
Nombre d'espèces d'oiseaux et de libellules	14	21
Prédominance des…	oiseaux	libellules

Comparaison de la diversité spécifique des deux milieux :

La diversité des écosystèmes est représentée par la comparaison des deux sites.

Le **site A** est une pelouse calcaire, la végétation est rase à l'exception de quelques arbustes.

Le **site B** est un milieu humide, sans affleurement rocheux ; les herbes sont plus hautes et des arbres sont visibles.

Le sol du site A est beaucoup moins profond, il est sec et son pH est plus basique (traduisant un sol calcaire).

Quelques données concernant les autres niveaux d'étude de la biodiversité :

Les deux milieux contiennent une grande diversité d'espèces végétales. En ce qui concerne les espèces animales, on trouve des espèces communes (pouillot véloce, agrion élégant). Le site B montre logiquement une grande richesse en libellules, qui vivent à proximité des cours d'eau.

Au bilan, on note une grande diversité spécifique dans les deux sites. Aux différences notées pour les sites A et B à la question précédente, s'ajoute une différence au niveau des peuplements animaux et végétaux.

La diversité génétique des individus est mise en évidence par les photos d'orchidées du **document 5**.

Les trois orchidées photographiées appartiennent à la même espèce et poussent dans le même environnement, mais elles sont cependant morphologiquement différentes. Il doit donc y avoir probablement des différences génétiques entre elles.

ACTIVITÉ 2

La biodiversité à l'échelle du globe (p. 78-79)

Connaissances	Capacités et attitudes
La biodiversité est à la fois la diversité des écosystèmes, la diversité des espèces et la diversité génétique au sein des espèces.	Manipuler, extraire et organiser des informations, si possible sur le terrain, pour : repérer les divers aspects de la biodiversité dans une situation donnée ; mettre en évidence l'influence de l'Homme sur la biodiversité. Utiliser des outils simples de détermination d'espèces végétales ou animales (actuelles ou fossiles) pour mettre en évidence la biodiversité d'un milieu.

1. Les intentions pédagogiques

Dans cette activité, nous quittons le niveau local pour élargir le champ d'observation de la biodiversité au niveau mondial et mettre ainsi en valeur des zones et des groupes particuliers.

Les documents proposés permettent de sensibiliser les élèves sur la richesse de certaines régions du globe. Naturellement, seuls quelques exemples sont présentés ; il est néanmoins possible de faire une étude plus approfondie de ces régions en utilisant les liens disponibles sur le site ressources.

Le **document 1** est l'occasion de se rendre compte de l'extrême diversité des espèces à l'échelle du globe mais aussi de mesurer l'immensité de la biodiversité qu'il nous reste encore à découvrir. Le **document 2** permet, si on le souhaite, de discuter des notions de diversité et de disparité. En effet, si le groupe des bactéries semble être le plus diversifié, en termes de nombre d'espèces, sa disparité est assez faible comparée à celle des insectes. En effet, la ressemblance morphologique entre les différentes espèces de bactéries est bien plus forte que celle constatée chez les insectes. Les différences génétiques n'ont pas toujours de grandes répercussions morphologiques.

Le **document 3** met l'accent sur des écosystèmes particuliers soit par leur exceptionnelle richesse en espèces animales et/ou végétales, soit par la présence d'un nombre important d'espèces endémiques qu'il est indispensable de protéger.

Le **document 4** est l'occasion de faire prendre conscience de la richesse particulière de la France et donc de sa responsabilité.

2. Pistes de travail

Doc. 1 et Doc. 2

Le **document 1** montre une grande inégalité de la biodiversité selon les groupes d'êtres vivants, avec une très large prédominance des insectes et myriapodes sur les autres, notamment les vertébrés. De plus, on voit que de très nombreuses espèces restent encore à découvrir, 20 % des espèces seulement ayant été nommées aujourd'hui, selon les estimations.

En nombre d'espèces, le groupe des insectes semble être le plus diversifié avec 10 à 30 millions selon les estimations. Cependant, les bactéries pourraient représenter plus que le million d'espèces présumé. En effet, si 30 grammes de sol contiennent 500 000 espèces, la diversité mondiale totale pourrait être phénoménale et dépasser de loin celle des insectes.

Doc. 3 Les « points chauds » de la biodiversité

Certains écosystèmes méritent une attention particulière. Les « points chauds » possèdent une biodiversité exceptionnelle, comme les forêts équatoriales par exemple. De plus, de nombreuses espèces présentes dans ces forêts restent encore à découvrir et ne sont présentes nulle part ailleurs (= espèces endémiques).

Doc. 4 Une responsabilité particulière pour la France

La France possède des territoires correspondant à des points chauds très diversifiés, comme le bassin méditerranéen ou la Nouvelle-Calédonie. Elle a donc une grande responsabilité dans la connaissance et la préservation de la biodiversité.

ACTIVITÉ 3 Un exemple d'espèces apparentées (p. 80-81)

Connaissances	Capacités et attitudes
Au sein de la biodiversité, des parentés existent qui fondent les groupes d'êtres vivants. Ainsi, les vertébrés ont une organisation commune. Les parentés d'organisation des espèces d'un groupe suggèrent qu'elles partagent toutes un ancêtre commun.	Mettre en œuvre un protocole de dissection pour comparer l'organisation de quelques vertébrés. Manipuler, recenser, extraire et organiser des informations sur l'organisation de quelques vertébrés actuels et/ou fossiles.

1. Les intentions pédagogiques

Les activités 3 et 4 permettent de comprendre comment, au sein de la biodiversité, on peut regrouper des espèces au sein de l'unité taxonomique des vertébrés. Il ne s'agit pas, au niveau de la classe de Seconde, de faire différents groupes au sein des vertébrés (amniotes, tétrapodes…) mais bien d'identifier des caractères communs aux vertébrés. Cette identification passe par l'observation de caractères partagés par les vertébrés (polarités, symétrie, crâne, vertèbres : c'est l'objet de cette activité) mais aussi par la dissection de différents animaux qui permet de découvrir des plans d'organisation communs et, comme le demande le programme, de les comparer à un extragroupe, arthropode ou échinoderme par exemple (c'est l'objet de l'activité suivante). Tout arbre phylogénétique au sein du groupe des vertébrés est donc hors programme.

En ce qui concerne l'activité 3, les **documents 1** et **2** présentent un certain nombre de points communs au niveau des polarités et symétrie ainsi qu'au niveau du squelette.

Les **documents 3** et **4** insistent sur un caractère particulier : la colonne vertébrale formée de vertèbres. Ce caractère est en effet celui qui définit le groupe des vertébrés. Les autres caractères communs aux vertébrés sont également partagés par d'autres espèces et ne peuvent donc pas être retenus pour définir le groupe. Ces points seront repris dans l'activité 4 pour définir des liens de parenté.

Le **document 4** permet de comprendre pourquoi tout fossile présentant ce caractère exclusif peut être classé au sein des vertébrés.

2. Pistes de travail

Réponses attendues :

Deux polarités s'observent chez tous ces animaux :

- une polarité antéro-postérieure, l'animal s'organisant entre un pôle antérieur (le crâne) et un pôle postérieur (la queue) ;
- une polarité dorso-ventrale, l'animal s'organisant entre un pôle dorsal (vertèbres) et un pôle ventral (les côtes).

On observe de plus une symétrie bilatérale. Le plan de symétrie est défini par les deux axes précédents et on note de nombreux organes pairs (pattes ou nageoires, côtes, orbites…).

La colonne vertébrale, formée de vertèbres, suit l'axe antéro-postérieur en position dorsale.
L'organisation est similaire chez les différents vertébrés avec un canal permettant le passage de la moelle épinière et des prolongements osseux. On pourra noter que les deux polarités et la symétrie définies à la question précédente se retrouvent au niveau des vertèbres.

L'os de « Cetiosaurus » présente toutes les caractéristiques d'une vertèbre. On peut donc classer l'animal parmi les vertébrés.
Une colonne vertébrale est visible sur le squelette du « Megatherium », lui aussi est donc un vertébré.
Le groupe des vertébrés existait donc déjà il y a 170 millions d'années (l'âge du « Cetiosaurus »), son origine est donc encore plus ancienne.

ACTIVITÉ 4

Une parenté établie d'après l'organisation interne (p. 82-83)

Connaissances	Capacités et attitudes
Au sein de la biodiversité, des parentés existent qui fondent les groupes d'êtres vivants. Ainsi, les vertébrés ont une organisation commune. Les parentés d'organisation des espèces d'un groupe suggèrent qu'elles partagent toutes un ancêtre commun.	Mettre en œuvre un protocole de dissection pour comparer l'organisation de quelques vertébrés. Manipuler, recenser, extraire et organiser des informations sur l'organisation de quelques vertébrés actuels et/ou fossiles.

1. Les intentions pédagogiques

Le programme invite à « mettre en œuvre un protocole de dissection pour comparer l'organisation de quelques vertébrés ».
Attention cependant : de nouvelles directives précisent qu'au lycée, la dissection d'un vertébré ne peut être réalisée que sur des animaux destinés à la consommation. Les exemples proposés dans cette activité permettent de compléter les observations que les élèves ne pourront pas faire directement.
Les auteurs ont choisi de s'intéresser plus particulièrement au système nerveux antérieur car, d'une part, cela suffit pour retrouver un même plan d'organisation chez ces différents vertébrés, d'autre part les photographies sont plus faciles à comparer que la dissection d'un animal entier. Il est bien entendu possible de faire découvrir d'autres aspects de l'organisation interne.

Le **document 1** propose un protocole pouvant convenir à n'importe quel vertébré. Le professeur pourra donc faire pratiquer la dissection de son choix puis ensuite comparer avec les photos proposées dans cette activité.

Les observations faites sur la dissection ou sur les photographies des animaux non disséqués (**document 2**) permettent de mettre en évidence une organisation interne comparable à l'externe (deux axes de polarité et symétrie bilatérale) mais aussi d'un plan d'organisation commun : on trouve les mêmes différentes parties des centres nerveux antérieurs chez tous les vertébrés, placées dans le même ordre sur l'axe antéro-postérieur, même si leur importance relative varie d'un vertébré à l'autre.

Le **document 3** permet de montrer l'existence d'étapes évolutives ayant conduit au système nerveux dorsal et à sa protection par un crâne et une colonne vertébrale. C'est l'occasion de se familiariser avec la méthodologie permettant l'établissement de relations de parenté, la réalisation ou la lecture d'un arbre phylogénétique, les notions de caractère exclusif et d'ancêtre commun.
Cette activité peut être complétée par un travail sur le logiciel Phylogène (voir par exemple l'exercice « Utiliser ses capacités expérimentales » en fin de chapitre).

2. Pistes de travail

Doc. 1 et Doc. 2

Chez tous les vertébrés présentés sur les **documents 1** et **2**, le système nerveux est situé en position dorsale. Il présente une polarité antéro-postérieure avec un cerveau en position antérieure et une moelle épinière qui s'étire vers le pôle postérieur. Il présente également une polarité dorso-ventrale (peu visible sur les documents proposés) et une symétrie bilatérale marquée entre autres par les hémisphères cérébraux.

Les différents systèmes nerveux présentent tous les polarités et symétries décrites précédemment. Le cerveau est toujours protégé dans un crâne en position antérieure et une moelle épinière s'étend toujours vers l'arrière. Les centres nerveux antérieurs présentent les mêmes différentes parties (hémisphères cérébraux, cervelet, bulbe rachidien) et elles sont placées dans le même ordre sur l'axe antéro-postérieur, même si leur importance relative varie d'un vertébré à l'autre. Des nerfs partent de part et d'autre du système nerveux et se dirigent vers les différents organes (organes sensoriels, muscles...).

Doc. 3 **Des caractères qui traduisent une évolution**

Tous les vertébrés possèdent des éléments communs (crâne, polarités, symétrie, système nerveux...). Ces caractères partagés suggèrent une origine commune, donc un ancêtre commun. Un caractère se distingue des autres : la présence de vertèbres. Ce caractère exclusif définit donc un lien de parenté étroit entre les espèces possédant ce caractère. C'est ce qui permet de les réunir dans le groupe appelé Vertébrés. Tous les vertébrés ont hérité ce caractère d'un ancêtre commun, qui est donc la première espèce ayant possédé des vertèbres.

Certaines espèces n'ont pas de vertèbres mais présentent néanmoins des caractères communs avec les vertébrés, comme la présence d'un système nerveux en position dorsale ou d'un crâne. En se basant sur le partage de ces caractères, il est alors possible de définir des étapes évolutives (acquisition de nouveaux caractères) et d'établir l'arbre de parenté suivant :

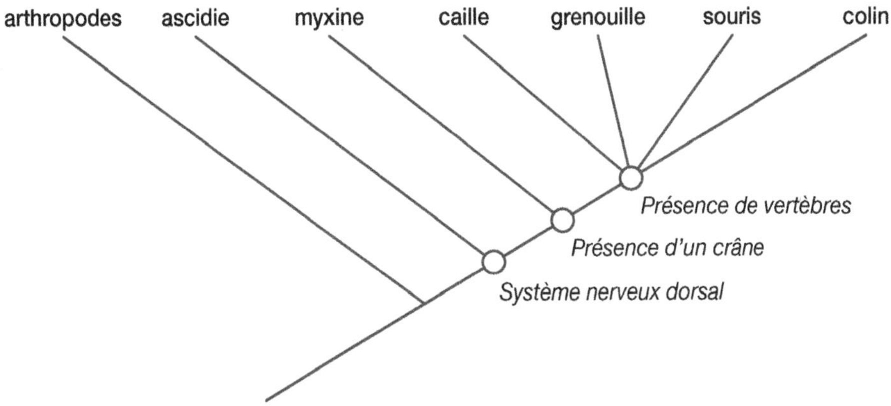

La correction des exercices 1 à 4 figure dans le manuel pages 278-279.

Exercice 5 Explorer la biodiversité sur le terrain

Pour le premier milieu, réponse **d.**: on attribue un indice en fonction de la surface recouverte. De plus, il vaut mieux éviter de cueillir des plantes pour ne pas risquer de dégrader le milieu et toutes les espèces, protégées ou non, doivent être prises en compte.

Pour le deuxième milieu, réponse **b.**: les têtards sont des larves d'amphibiens appartenant à des espèces protégées. Ils peuvent être observés mais doivent être ensuite relâchés. Il est judicieux de prendre une photographie. Il est conseillé d'adopter cette attitude avec toutes les espèces animales rencontrées.

Exercice 6 Exercice guidé : Classement d'une espèce

1. La photographie **a** montre une polarité antéro-postérieure et une symétrie bilatérale. On remarque un crâne, une colonne vertébrale et des côtés. Sur la photographie **b**, on voit une polarité dorso-ventrale et une symétrie pentaradiée.

2. La photographie **a** représente un vertébré car il y a présence de vertèbres. Pour la seconde, les vertèbres ne sont pas visibles, et, de plus, il n'y a pas de symétrie bilatérale. Ce n'est donc pas un vertébré.

3. L'Homme est un vertébré, il possède des vertèbres. Il est donc plus proche parent de l'espèce représentée sur la première photographie.

Exercice 7 Des enseignements de l'Histoire

1. La reproduction asexuée donne des individus génétiquement identiques à la plante mère car les tubercules sont des organes de cette dernière. Ce mode de reproduction ne favorise donc pas une grande diversité génétique.

2. En Amérique du Sud, la diversité intraspécifique est plus forte avec des individus très différents, présentant des caractéristiques différentes. Une attaque de mildiou aurait causé des dégâts, mais certains individus auraient présenté des résistances au mildiou, et auraient survécu. En Europe, l'uniformité génétique a fait que tous les individus présentaient la même réponse face au mildiou : pas de résistance.

Exercice 8 Gestion de la biodiversité d'un site

1. Les saulaies et roselières, qui étaient absentes ou presque en 1998, se sont considérablement développées pour occuper presque la moitié du site en 2003. À l'inverse, les prairies inondables sont passées de 17 à 1,9 hectares dans le même temps. Le milieu a donc beaucoup changé avec l'arrêt des interventions humaines.

2. Saulaie et roselière contiennent peu d'espèces par rapport à la prairie inondable (7 et 8 contre 28). La biodiversité du site va donc chuter avec la disparition des prairies. De plus, ces dernières contiennent des espèces rares et protégées comme la gratiole ou le cuivré des marais.

3. Pâturage et fauche permettront de limiter le développement des saules et des baldingères. Sans cela, ces deux espèces ont tendance à tout envahir. L'entretien des fossés visera à maintenir chaque hiver une immersion du site nécessaire à l'implantation de certaines espèces.

Exercice 9 Au sein de la biodiversité, des groupes d'êtres vivants

Cet exercice a pour objectif :
- d'appliquer avec rigueur le raisonnement permettant de constituer des groupes, en se fondant sur le partage de caractères ;
- d'utiliser les fonctionnalités d'un logiciel.

À travers cet exercice, l'élève sera amené à constater que le raisonnement utilisé pour définir le groupe des vertébrés peut être appliqué à d'autres groupes. C'est également l'occasion d'exercer un esprit critique en montrant que le groupe des « invertébrés » n'a aucun fondement scientifique.

Solution de l'exercice :

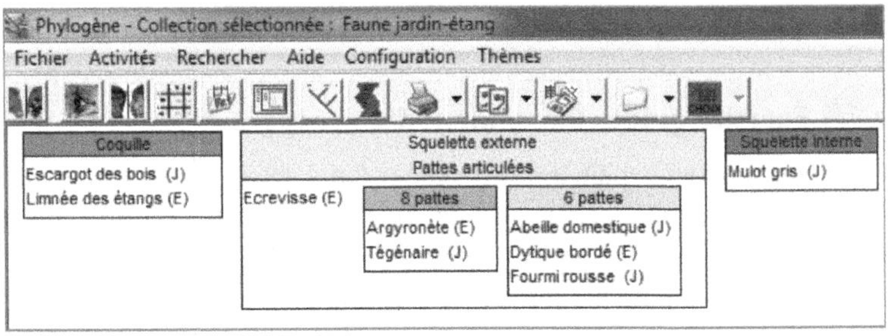

Tâche complexe

La prise en compte de la « Trame verte et bleue » (p. 92-93)

Les intentions pédagogiques

La « Trame verte et bleue » est un dispositif qui se met en place sur les territoires et permet de prendre en compte la biodiversité dans différents aménagements. Elle donne l'occasion de mettre en application les notions vues dans le chapitre avec en premier lieu la prise en compte des trois niveaux de la biodiversité. La responsabilité du citoyen et des collectivités sur l'état des espèces et des milieux est ici facile à appréhender avec un exemple très local et ancré dans le quotidien des élèves.

L'exercice proposé est théorique et basé sur des données fictives, mais il peut donner des idées pour des applications concrètes sur le territoire de son propre lycée en prenant en compte les enjeux de biodiversité locaux.

Les documents

Le **document 1** présente les grands principes de la Trame verte et bleue avec les réservoirs de biodiversité et les corridors. On s'intéresse donc ici au maintien de zones riches en espèces et à la possibilité pour ces espèces de circuler pour se nourrir, se reproduire ou accomplir leur cycle de vie.

Le **document 2** est un plan du lycée qui donne des indications sur les espaces propices au développement d'espèces végétales et animales.

Le **document 3** replace le lycée dans un contexte plus vaste : celui de la commune avec des zones urbanisées, des zones humides, des obstacles.

Le **document 4** donne des précisions sur deux espèces peu courantes présentes sur le territoire de la commune. C'est à elles qu'il va falloir s'intéresser pour proposer et justifier des aménagements.

Production attendue

L'élève doit tout d'abord expliquer ce qu'est la Trame verte et bleue avec les notions de réservoir et de circulation.

Il peut ensuite faire état des espèces faisant l'objet d'un suivi national et utiliser les notions précédentes : il y a ici deux réservoirs (Seugne et Dobre) qui communiquent difficilement. Les difficultés tiennent à la création d'un canal souterrain qui empêche les individus d'aller d'un lieu à l'autre. On peut alors parler de l'appauvrissement génétique des populations isolées et donc de leur fragilisation.

Avant de présenter des solutions possibles, il faut indiquer les contraintes posées par les modes de vie des deux espèces. La libellule demande des petites mares intermédiaires entre La Seugne et le Dobre. Le conocéphale aura besoin de zones assez libres, sans haies ni bois.

Les solutions proposées sont de créer des mares dans l'enceinte du lycée. Elles répondraient au besoin des libellules car le lycée est situé entre la Seugne et le Dobre. Des espaces verts importants existent et pourraient être aménagés facilement.

Des tontes moins fréquentes faciliteraient les déplacements du conocéphale, de même que la suppression de certaines haies.

On peut également proposer d'autres travaux de suivi de la présence des deux espèces sur le lycée, d'année en année.

CHAPITRE 5

La biodiversité en perpétuelle évolution

ACTIVITÉ 1 Un exemple de biodiversité ancienne (p. 96-97)

Connaissances	Capacités et attitudes
La biodiversité se modifie au cours du temps sous l'effet de nombreux facteurs.	Utiliser des outils simples de détermination d'espèces végétales ou animales (actuelles ou fossiles) pour mettre en évidence la biodiversité d'un milieu.

1. Les intentions pédagogiques

La biodiversité comprend une dimension temporelle dans sa définition ; elle doit en effet impérativement être liée à une époque. Ainsi, la diversité visible aujourd'hui est différente de celle qui existait dans le passé et de celle qui existera dans le futur. Il y a donc une évolution du vivant. Le choix fait au début de ce chapitre est de montrer par un exemple concret qu'un même lieu peut contenir des espèces différentes au cours de son histoire. Le site de Cherves de Cognac est remarquable pour cela car il a livré des quantités phénoménales de dents de vertébrés permettant de faire des analyses quantitatives. L'étude des milieux anciens de Cherves a ainsi pu se faire avec les mêmes méthodes que pour un milieu actuel. L'autre intérêt de ce site est la possibilité de faire travailler concrètement les élèves sur du matériel en classe.

Les activités proposées peuvent être réalisées par les élèves sur du matériel concret. Le « site ressources » contient toutes les informations relatives au kit pédagogique développé à partir des marnes de Cherves (voir page suivante). L'objectif ici est de repérer des espèces à partir de leurs dents, puis de reconstituer le milieu existant à Cherves, il y a 140 millions d'années. On peut donc comparer la biodiversité de ce milieu à deux époques différentes au niveau des espèces et des écosystèmes. On voit bien alors que des espèces ont disparu et que d'autres sont apparues ; on voit également que le milieu a radicalement changé. Enfin, on peut noter que les espèces présentes à Cherves, il y a 140 millions d'années, ont aujourd'hui complètement disparu de la surface du globe. La biodiversité est donc une photographie de la vie à un instant donné.

Sur la photographie (**document 1c**), on repère des dents de requin et de poissons osseux du type Lepidotes. On voit également des fragments d'os et des écailles.

Le tableau (**document 2c**) fait état de la présence de poissons osseux et cartilagineux, indice d'un milieu aquatique, de même que les crocodiliens. Les espèces présentes supportent des eaux douces ou saumâtres, on peut donc penser à un milieu mixte subissant des influences d'eaux douces et marines. Ce peut être un delta ou un estuaire. La proximité d'un rivage est renforcée par la présence d'animaux terrestres comme les mammifères ou les dinosaures. On a donc un milieu très différent de l'actuel avec des espèces elles aussi très différentes.

2. Pistes de travail

Le site de Cherves contient des restes attribués à une grande diversité d'espèces. On y retrouve ainsi des poissons osseux et cartilagineux, des crocodiliens, des dinosaures et des mammifères. L'étude du tableau du **document 2** montre que cette diversité a évolué au cours du temps car les différents groupes n'y sont pas toujours présents.
Sur le niveau 31, le plus ancien, n'existent que des poissons osseux et cartilagineux. Les fiches-espèces du **document 2** parlent d'espèces d'eaux douces ou salées. On est donc ici dans un milieu aquatique franc, mais avec des influences terrestres ayant pour effet d'adoucir l'eau.
Le niveau 32 voit apparaître quelques crocodiles. Ces espèces se trouvent près des rivages et indiquent un niveau de l'eau plus bas.
Le niveau 36 présente la plus forte diversité avec des dinosaures, des oiseaux et des mammifères. Ces nouvelles espèces sont clairement terrestres et leur présence au côté des poissons et des crocodiles indique un milieu marécageux, une lagune saumâtre.
Le niveau 41 ne comporte plus que des poissons et des crocodiles, l'influence terrestre est plus faible.
Enfin, aujourd'hui, les espèces présentes au Crétacé ont toutes disparu et on ne trouve plus de poissons cartilagineux, de crocodiles et de dinosaures à Cherves. Le paysage est fait de plaines, de champs, de bois, de ruisseaux.

Cette étude montre une évolution de la biodiversité au cours du temps. Les espèces changent, apparaissent et disparaissent. De la même façon, les écosystèmes ne sont pas immuables et évoluent.
La biodiversité visible aujourd'hui est donc très différente de celle du passé (pour les trois niveaux : génétique, espèces et écosystèmes). Elle va inévitablement continuer à évoluer et la biodiversité de demain sera différente.

3. Ressources complémentaires

- Kit pédagogique (Marnes de Cherves) : site ressource du manuel : www.bordas-svtlycee.fr

ACTIVITÉ 2

L'Homme, facteur d'évolution de la biodiversité (p. 98-99)

Connaissances	Capacités et attitudes
La biodiversité se modifie au cours du temps sous l'effet de nombreux facteurs, dont l'activité humaine.	Prendre conscience de la responsabilité humaine face à l'environnement et au monde vivant.

1. Les intentions pédagogiques

La mise en évidence de l'évolution de la biodiversité au cours du temps est suivie par celle de l'action de l'Homme. Les exemples de conséquences négatives sur la biodiversité (espèces menacées de disparition ou disparues du fait des activités humaines) sont multiples et bien connus (le **document 2** le montre sans ambiguïté).

Le **document 1** propose l'histoire de deux espèces disparues de façon spectaculaire, c'est-à-dire très rapidement et à partir de populations initiales très abondantes.

Le pingouin de Torda et la tortue de Bourbon étaient des espèces florissantes comprenant de très nombreux individus. Aucune menace de disparition n'existait. C'est la chasse réalisée par l'Homme et, dans le cas du pingouin de Torda, l'action de la pollution et du réchauffement climatique, qui ont fait baisser de façon importante les effectifs et ont conduit ces deux espèces vers un seuil critique ne permettant plus le renouvellement naturel.

Des recherches complémentaires pourraient porter sur des actions plus indirectes que la chasse, avec l'urbanisation, l'agriculture ou autre.

Le rôle de l'Homme dans l'apparition de nouvelles espèces en un lieu donné n'est souvent connu que par le seul volet « introduction d'espèces invasives » (jussie, grenouille taureau, etc.). Le **document 2** fait état de ces invasions. Il montre que, au cours du dernier siècle, le rythme des disparitions d'espèces en France s'est considérablement accru. En parallèle, de nouvelles espèces sont arrivées, introduites volontairement ou non. Le peuplement des écosystèmes français a donc changé du fait des activités humaines. Naturellement, il ne s'agit pas dans ce cas d'apparition d'espèces nouvelles mais leur simple déplacement dans l'espace. La formation de nouvelles espèces *stricto sensu* est plus délicate à mettre en évidence.

Le **document 3** présente un exemple, bien documenté, de l'apparition actuelle d'une nouvelle espèce dans un milieu créé par l'Homme : le moustique du métro londonien. Les deux formes du moustique montrent un éloignement génétique illustré par le graphique, mais ce critère ne suffit pas pour en faire deux espèces différentes. Plus intéressante est l'incapacité à se reproduire. Sans cette interfécondité, les deux formes ne peuvent plus être considérées comme faisant partie d'une seule et même espèce.

Ainsi les activités humaines sont un des facteurs qui agissent sur la biodiversité. Des espèces disparaissent régulièrement naturellement du fait de modifications du milieu (climat, ressources, etc.). Les activités humaines, en modifiant ce milieu, contribuent à ces disparitions. Le côté préoccupant est la très forte accélération du rythme des disparitions. De la même façon, les invasions d'espèces sont facilitées par le développement des transports, le creusement de canaux, le commerce de plantes ou d'animaux.

Enfin, la modification des milieux peut avoir comme conséquence de favoriser l'évolution de certaines espèces et donc concourt à l'apparition de nouvelles espèces.

L'Homme est donc un facteur d'évolution de la diversité du vivant.

2. Pistes de travail

Doc. 1 et **Doc. 2**

Les activités humaines ont des conséquences sur la biodiversité. Par exemple, la chasse pratiquée de façon intensive sur les tortues de Bourbon a provoqué leur extinction totale. Autre exemple : les activités humaines génèrent une pollution responsable d'une forte diminution du nombre d'individus appartenant à l'espèce Pingouin de Torda. Le **document 2** met en évidence une forte accélération du rythme de disparition des espèces depuis les débuts de la civilisation humaine. Les raisons sont multiples : chasse, pêche, destruction d'écosystèmes ou introduction de molécules polluantes. Ce document montre également une forte augmentation des espèces invasives ; ces dernières profitent des moyens de transports créés par l'Homme : canaux, routes, avions, trains, cargos… En arrivant dans un nouveau milieu, elles peuvent fragiliser des espèces autochtones, comme le montre l'exemple présenté page 86 (abeilles et frelon asiatique).

Doc. 3 L'exemple des moustiques du métro de Londres

L'Homme peut donc être à l'origine de l'arrivée de nouvelles espèces dans un écosystème. Il a également une responsabilité dans l'apparition de nouvelles espèces. On voit en effet une nouvelle espèce de moustique apparue dans les couloirs du métro londonien ; cette nouvelle espèce diffère génétiquement et par son mode de vie des précédentes. Les expériences montrent une perte de l'interfécondité ce qui confirme qu'il s'agit bien d'une nouvelle espèce. C'est le métro de Londres, une construction humaine, qui a créé un nouvel écosystème et favorisé l'apparition de cette nouvelle espèce.

ACTIVITÉ 3

Sélection naturelle et biodiversité (p. 100-101)

Connaissances	Capacités et attitudes
La diversité des allèles est l'un des aspects de la biodiversité. La dérive génétique est une modification aléatoire de la diversité des allèles. Elle se produit de façon plus marquée lorsque l'effectif de la population est faible. La sélection naturelle et la dérive génétique peuvent conduire à l'apparition de nouvelles espèces.	Manipuler, utiliser un logiciel de modélisation pour comprendre la dérive génétique. Extraire et organiser des informations pour relier crises biologiques, dérive génétique et évolution des espèces.

1. Les intentions pédagogiques

La sélection naturelle est une notion déjà abordée en classe de Troisième. Le programme de cette classe indique :

« L'étude de quelques exemples significatifs doit notamment permettre :

– d'atteindre un premier niveau de formulation de la théorie de l'évolution des organismes vivants au cours des temps géologiques présentée sous la forme d'un arbre unique ;

– de donner un aperçu de la théorie expliquant ces faits : variation aléatoire due aux mécanismes de l'hérédité puis sélection par le milieu des formes les plus adaptées. »

L'exemple choisi en Troisième, qu'il s'agisse de la phalène du bouleau ou d'un autre exemple, permet d'expliquer et de comprendre comment l'environnement influe sur l'évolution des espèces et des populations en sélectionnant les individus les plus adaptés.

Or, il ne s'agit pas là du seul aspect de la sélection naturelle : de façon simplifiée, celle-ci désigne le fait que les traits qui favorisent la survie et la reproduction voient leur fréquence s'accroître d'une génération à l'autre. Cela découle logiquement du fait que les porteurs de ces traits ont plus de descendants qui sont porteurs des mêmes traits (puisqu'ils sont héréditaires).

Ainsi, deux mécanismes principaux peuvent concourir à cette « transmission préférentielle » des allèles favorables à la descendance :

– la **sélection par le milieu** (nourriture, prédation, etc.) ou **sélection de survie**, illustrée par l'exemple des études récentes sur les pinsons des Galapagos qui, finalement, diffère peu de la phalène du bouleau vue en Troisième ;

– la **sélection sexuelle**, aspect de la sélection naturelle souvent ignoré mais qui est bien à l'œuvre dans le monde vivant et tout aussi important que la sélection de survie.

La sélection sexuelle est un phénomène qui a lieu à une étape différente de la vie de l'individu. Elle désigne le fait qu'il existe une compétition au sein de chaque espèce pour accéder aux partenaires sexuels dans le cadre de la reproduction sexuée : il peut se produire une compétition entre les individus d'un même sexe (combats de mâles chez le cerf pour accéder aux femelles, mâles dominants chez les espèces présentant une organisation sociale, etc.), mais aussi entre les sexes (les individus d'un sexe devant choisir avec quel individu de l'autre sexe ils vont s'accoupler).

Cet aspect de la sélection naturelle est développé dans l'exercice 8 (page 110) : la grande queue du mâle euplecte, caractère qui pénalise la survie quand il est analysé en dehors du contexte reproductif, devient un avantage considérable pour accéder aux femelles quand il est analysé dans le contexte de la période de reproduction. Ainsi, le professeur pourra utiliser cet exercice dans le prolongement du travail sur les exercices de l'activité 3 pour ne pas passer sous silence ce deuxième aspect de la sélection naturelle.

On s'appuie, dans cette activité, sur l'analyse de documents et sur une modélisation par le jeu. On peut aussi faire appel à un logiciel de simulation. Ce dernier est proposé dans l'exercice 9 (page 111). Il faudra utiliser le site ressources qui contient les informations nécessaires pour traiter de la sélection naturelle.

2. Pistes de travail

Doc. 1 Des études récentes sur les pinsons des îles Galapagos

Le **document 1** montre que, parmi les aspects de la biodiversité, il y a la diversité génétique des individus. Tous ne possèdent pas l'allèle « grand bec » du gène Bmp4. Il est donc logique de trouver dans une population des individus présentant des becs de tailles variées.

La sécheresse de 1976-1977 a eu comme conséquence une forte augmentation des pinsons à gros bec aux dépens de ceux à petit bec. On voit sur le graphique de gauche que durant cette période sèche, la taille et la dureté des graines augmentent. Or les pinsons à petit bec ne sont pas capables de manger ces graines. Ils sont désavantagés : il est donc logique que leur population décroisse.
Après la sécheresse de 2004-2005, la situation s'inverse avec une chute de la population des pinsons à gros bec. Cette fois, c'est une colonisation de l'île par une espèce spécialisée dans les grosses graines qui est en cause. Les pinsons à gros bec sont peu compétitifs par rapport à cette espèce vis-à-vis des grosses graines. Ils ne peuvent pas se retourner vers les petites graines, car cette fois, c'est par rapport à leurs congénères à petit bec qu'ils ne sont pas compétitifs. Leur population ne peut donc que décroître.

Doc. 2 Un jeu pour comprendre le mécanisme de la sélection naturelle

Le **document 2** propose un jeu pour comprendre le mécanisme de la sélection naturelle. La multiplication par deux des descendants des clous verts modélise l'avantage sélectif possédé par les individus géniteurs. Ils peuvent plus facilement se nourrir, échapper aux prédateurs et trouvent plus facilement un partenaire sexuel. Leur descendance est donc plus importante.
À l'inverse, les individus matérialisés par les clous bleu clair ont un désavantage sélectif, leur descendance est donc plus faible.

3. Ressource complémentaire

- « Logiciel allélique » : site ressources du manuel : www.bordas-svtlycee.fr

ACTIVITÉ 4

Dérive génétique et biodiversité (p. 102-103)

Connaissances	Capacités et attitudes
La diversité des allèles est l'un des aspects de la biodiversité. La dérive génétique est une modification aléatoire de la diversité des allèles. Elle se produit de façon plus marquée lorsque l'effectif de la population est faible. La sélection naturelle et la dérive génétique peuvent conduire à l'apparition de nouvelles espèces.	Manipuler, utiliser un logiciel de modélisation pour comprendre la dérive génétique. Extraire et organiser des informations pour relier crises biologiques, dérive génétique et évolution des espèces.

1. Les intentions pédagogiques

Les mécanismes génétiques à l'origine de l'évolution du vivant (sélection naturelle et dérive génétique) sont présentés dans les activités 3 et 4. Pour chacun de ces mécanismes, l'organisation de l'activité est la même : étude de documents pour comprendre ce que recouvre la notion et modélisation à l'aide d'un jeu. Cette modélisation, facilement réalisable en classe, présente l'avantage « d'accrocher » facilement les élèves. Il est cependant possible de la remplacer ou de la compléter avec un logiciel de simulation. Ce dernier est proposé dans l'exercice 9 (page 111). Il faudra utiliser le site ressources qui contient les informations nécessaires.

Cette activité est donc consacrée à la dérive génétique : c'est une notion assez complexe, mais les programmes officiels ne demandent d'en aborder que deux aspects :
– la dérive génétique est une modification aléatoire de la diversité des allèles ;
– elle se produit de façon plus marquée lorsque l'effectif de la population est faible.

Les **documents 1** et **2** permettent d'évoquer le fait que la diversité allélique au sein d'une grande population ne diminue pas avec le temps mais qu'en revanche elle diminue considérablement dans les petites populations. On a choisi pour cela l'exemple de la population des huttérites, groupe de migrants qui ont quitté l'Europe pour le Nouveau Monde.

Le **document 3** propose un jeu pour modéliser le mécanisme de la dérive génétique. Les résultats doivent montrer que les « gagnants » du jeu peuvent être de n'importe quelle couleur, sans véritable prédominance. Ces résultats sont donc dus au hasard. L'évolution d'une petite population peut donc se faire totalement de façon aléatoire si les individus ne présentent entre eux ni avantage ni désavantage.

Ainsi lorsqu'une petite population s'isole, la dérive génétique devient plus forte en son sein. Elle évolue donc rapidement, au hasard, et peut donc devenir très différente de la population de départ. Quand ces différences sont trop importantes pour permettre le maintien de l'interfécondité, il y a création de nouvelles espèces.

2. Pistes de travail

Doc. 1 et **Doc. 2**

Les différentes colonies huttérites vivant actuellement en Amérique du Nord montrent de grandes différences génétiques entre elles. Cela peut paraître surprenant car elles dérivent toutes d'une même génération ayant migré depuis l'Europe au XIXe siècle. Le **document 2** explique ces différences par un mécanisme de dérive génétique lié au hasard. Quand une petite population de migrants s'isole de la population initiale, elle ne représente qu'une petite partie de la diversité génétique. Si deux populations s'isolent en parallèle, elles emmèneront chacune des parts très différentes de cette diversité. L'absence de brassage avec d'autres populations a en quelque sorte figé les diversités génétiques des populations migrantes et leurs différences.

Doc. 3 Un jeu pour comprendre le mécanisme de la dérive génétique

La réalisation du jeu montre que les couleurs « gagnantes » au final ne sont pas nécessairement les mêmes. Contrairement au jeu de la sélection naturelle présenté page 101, aucun avantage ou désavantage ne vient influencer le résultat final, ce qui montre le rôle très important du hasard. L'évolution des populations selon les principes de dérive génétique est donc intimement liée au hasard.

3. Ressource complémentaire

- Logiciel « Évolution allélique » : site ressource du manuel : www.bordas-svtlycee.fr

Exercices

La correction des exercices 1 à 4 figure dans le manuel pages 278-279.

Exercice 5 Expérimenter sur l'évolution des espèces

1. Première expérience

a. Vrai. L'objectif est de suivre l'évolution de la fréquence des allèles (il faut donc que ce paramètre soit mesuré régulièrement).

b. Faux. Si les populations sont homogènes (un allèle représente 100 %), on ne verra pas de variation de cette fréquence (on doit donc avoir une valeur initiale différente de 0 ou 100).

c. Faux. La dérive génétique suppose qu'il n'y ait pas d'allèle favorable ou défavorable et que seul joue le hasard (on doit donc placer les populations dans des conditions identiques pour laisser les populations évoluer au hasard).

d. Faux. Pour modéliser la dérive génétique, on choisira deux allèles équivalents du point de vue de leur avantage sélectif.

2. Seconde expérience

a. Faux. Une cage témoin sert de point de comparaison, pour vérifier que la lumière modifie bien la répartition des allèles dans les populations.

b. Vrai. On cherche à repérer s'il y a eu une évolution de cette fréquence et, si oui, dans quelle direction.

c. Faux. Si les fréquences initiales ne sont pas les mêmes, la comparaison des valeurs finales n'aura pas de signification.

d. Faux. Il est primordial de ne faire varier que le paramètre étudié, c'est-à-dire la présence de lumière.

Exercice 6 Évolution de populations d'oiseaux

Sur le graphique du haut, on constate que la diversité des oiseaux en Grande-Bretagne diminue assez peu au cours du temps ; en revanche, si on regarde seulement les oiseaux des champs cultivés, cette diversité a chuté de façon importante depuis 1975. Sur cette même période, on peut observer une augmentation des surfaces des champs traités aux pesticides. Les deux courbes sont synchrones et ont des pentes inverses. On peut donc postuler que l'utilisation de plus en plus importante des pesticides dans les champs a eu un impact négatif sur les populations d'oiseaux qui y vivent, d'où la baisse de diversité constatée.

Exercice 7 L'évolution des espèces insulaires

1. Quelles que soient les espèces considérées, la diversité génétique est plus forte sur les continents que celle constatée sur les îles.

2. Les populations insulaires sont issues de petites populations qui y ont migré. Elles ne représentent donc qu'une fraction de la diversité génétique de départ.
Les espèces qui arrivent sur ces îles ne représentent que de faibles populations. La dérive génétique va donc y être forte et expliquer une évolution rapide de ces espèces.

Exercice 8 Avantage reproducteur et sélection naturelle

1. Le graphique du bas montre que les mâles à longue queue ont un succès reproductif plus important: ils attirent davantage de femelles sur leur territoire que les mâles à queue plus courte. On peut supposer que les femelles choisissent les mâles ayant les plumes de la queue les plus longues. Par conséquent, les individus porteurs d'allèles responsables d'un allongement de ces plumes auront une descendance plus importante et la fréquence de ces allèles va donc augmenter dans la population.

2. On parle de sélection sexuelle car la sélection est faite par les femelles au cours des périodes de reproduction. Le choix du partenaire sexuel constitue la pression sélective exercée sur les individus.

3. Les étapes sont les mêmes:

- Existence dans la population d'une variabilité génétique: les individus montrent de petites différences entre eux (forme du bec ou taille des plumes de la queue).
- Pression exercée sur les individus: par le milieu pour les pinsons avec la taille des graines disponibles, par la reproduction pour les euplectes avec le choix du partenaire sexuel effectué par les femelles.
- Un allèle se révèle présenter un phénotype favorable: gros bec ou longues plumes.
- Les individus porteurs de cet allèle se reproduisent plus car ils survivent mieux (pinsons) ou sont plus choisis par les femelles (euplectes).
- La fréquence de cet allèle dans la population a tendance à augmenter à la génération suivante.
- Le phénomène se répète et cause une modification de l'espèce: augmentation de la forme du bec ou allongement des plumes de la queue.

Exercice 9 Une modélisation de la dérive génétique

On attend tout d'abord de l'élève un paramétrage correct du logiciel à partir du texte de l'exercice:
- symboles utilisés pour nommer les allèles (Rh^+ et Rh^-);
- fréquence initiale des allèles fixée à la valeur 0,5;
- nombre de générations suffisamment élevé pour permettre un suivi sur un grand nombre de générations (la valeur 100 étant donc ici optimale).

Par ailleurs, l'élève doit comprendre :
- qu'il faut effectuer plusieurs essais pour tester la reproductibilité des résultats obtenus. Il constate alors une variation aléatoire ;
- qu'il faut répéter l'expérience en faisant varier l'effectif de la population. On constate alors que les variations aléatoires sont d'autant plus importantes que l'effectif de la population est réduit.

Les résultats pourront être imprimés et intégrés au compte-rendu. Un bilan permettra de répondre clairement au problème posé et confirmera ce qui a été vu à propos de la dérive génétique : il peut y avoir variation aléatoire de la fréquence d'un allèle en dehors de tout processus de sélection naturelle, surtout si la population est réduite.

Tâche complexe

Le septième continent (p. 112-113)

Les intentions pédagogiques

L'évolution des êtres vivants a été abordée à deux échelles de temps dans les activités de ce chapitre : le temps d'une vie humaine et celui d'une espèce. La responsabilité humaine sur le devenir des espèces a été présentée et les mécanismes de l'évolution ont été décrits. Cette tâche complexe est l'occasion de mêler ces différentes notions. On pourra ainsi voir que les influences humaines à court terme sur des individus peuvent avoir des effets sur les espèces à plus long terme. La biodiversité est touchée sur tous les niveaux, individus, espèces et écosystèmes, et dans les deux sens (réduction et augmentation).

Enfin cet exercice met en avant des solutions vis-à-vis de problèmes environnementaux majeurs. Elles concernent le citoyen avec des réflexions sur la portée de certains comportements dans la gestion des déchets. Elles viennent aussi de la science, en montrant que mieux connaître la biodiversité peut permettre de mieux la protéger. Les documents présentés offrent de nombreuses pistes de réflexions aux élèves. Loin de chercher l'exhaustivité, on attendra d'eux qu'ils trouvent une explication, des conséquences et des solutions au problème des déchets plastiques.

Les documents

Le **document 1** met en évidence l'ampleur des masses de déchets plastiques dans les océans : tous sont touchés et dans de grandes proportions.

Le **document 2** montre une forte augmentation des produits plastiques dans le monde. Mis en regard avec le **document 1**, il donne une explication aux zones d'accumulation et permet de prédire une aggravation du phénomène.

Le **document 3** complète les éléments du **document 2**. L'accumulation de déchets plastiques dans les océans s'explique par leur grande durée de vie et une mauvaise gestion de leur recyclage et de leur collecte. La responsabilité individuelle et collective des humains peut ainsi être abordée.

Le **document 4** traite de conséquences négatives des déchets plastiques sur la biodiversité : de nombreuses espèces ingèrent ces fragments et beaucoup d'individus en meurent. C'est la biodiversité intra spécifique qui est touchée, et le niveau des espèces est fragilisé.

Le **document 5** illustre un côté positif des déchets plastiques pour certaines espèces qui y trouvent un milieu de vie favorable. On peut alors parler de déséquilibre des écosystèmes avec des espèces nouvelles ou des modifications des effectifs de certaines espèces.

Le **document 6** présente une piste de recherche. Elle pourrait déboucher sur des protocoles de gestion des déchets plastiques en les faisant digérer par des bactéries ou des larves d'insectes. Les chiffres montrent cependant une digestion très partielle des plastiques et que les recherches doivent se poursuivre avant une application concrète.

La réponse attendue

L'élève doit tout d'abord identifier le problème : les accumulations de déchets plastiques. Ensuite, il va apporter des explications : la forte production de plastique dans le monde, les difficultés de recyclage, la longue durée de vie et des comportements peu responsables.

Viennent ensuite les conséquences. L'ingestion de fragments par certains animaux (poissons, oiseaux, coquillages, etc.) peut les fragiliser, voire les tuer. Des espèces pourraient se trouver menacées dans un avenir proche. Mais un nouveau milieu de vie est créé dans les océans car les plastiques offrent un support de choix pour certaines espèces qui s'y installent et prolifèrent. Des écosystèmes proches comme les fonds marins pourraient s'en trouver déstabilisés avec des conséquences inconnues à ce jour. On peut également imaginer que certaines espèces puissent évoluer et s'adapter à ces nouveaux écosystèmes. On attendra deux exemples illustrant ces conséquences comme les fulmars et les halobates.

Enfin, l'élève devra présenter des solutions au problème qu'il pourrait mettre en œuvre concrètement : réduction des déchets plastiques, amélioration de la collecte et du recyclage, réduction des productions de plastiques. Il pourra également montrer que la digestion des plastiques par des êtres vivants est possible et pourrait déboucher dans l'avenir sur des solutions de traitements de déchets considérés aujourd'hui comme non biodégradables.

Les chapitres

PARTIE 2 Enjeux planétaires contemporains

Partie 2 Enjeux planétaires contemporains

Les objectifs généraux de cette partie

Selon les textes officiels, les trois grandes parties du programme de la classe de Seconde doivent être abordées d'une manière équilibrée. Il apparaît donc raisonnable de consacrer un tiers du temps annuel à cette deuxième partie. Le manuel propose une large palette d'activités qui s'inscrivent dans les objectifs précisés par le programme : cependant, toutes ces activités ne sont pas obligatoires et il sera nécessaire de faire des choix, de façon à ménager le temps nécessaire pour traiter les deux autres parties du programme. On peut par exemple choisir d'illustrer telle notion par une activité pratique expérimentale alors qu'une autre notion sera simplement et plus rapidement exposée. Cette liberté pédagogique du professeur est du reste spécifiée par le préambule du programme.

Le thème « **Enjeux planétaires contemporains : énergie, sol** » s'inscrit clairement dans l'Éducation à l'Environnement pour un Développement Durable. Placée face au défi de la croissance démographique, l'humanité doit, pour satisfaire son développement et celui des générations futures, exploiter des ressources tout en tenant compte du patrimoine naturel. Deux aspects sont envisagés en classe de Seconde : le défi énergétique et la gestion des sols. Les aspects géopolitiques et économiques étant laissés au cours de géographie et d'économie, le cours de SVT doit donner à l'élève les clés biologiques et géologiques pour comprendre les enjeux du défi lancé à l'humanité : passer des énergies non renouvelables aux énergies renouvelables pour pérenniser le développement des sociétés humaines et protéger les sols cultivables afin de produire l'alimentation d'une humanité sans cesse croissante. L'éclairage spécifique des SVT sur ces grandes questions réside dans la compréhension de la notion de durabilité des ressources. Pour comprendre en quoi la gestion d'une ressource naturelle est nécessaire, pour comprendre pourquoi une ressource est fragile, renouvelable à l'échelle humaine ou non, il convient en effet d'en connaître l'origine, le mode de formation (notion de durée) et les modalités d'utilisation. Enfin, c'est en constatant l'écart existant entre les gisements utilisables et les ressources réellement utilisées que l'élève perçoit l'importance des sciences, indispensables pour rechercher des solutions nouvelles. L'abord de ces problématiques nécessite des connaissances de collège (classe de Sixième principalement) sur l'origine et le devenir de la matière des êtres vivants. Ces acquis peuvent être rapidement remobilisés grâce à la double page 116-117.

Cette thématique prépare à l'exercice des responsabilités individuelles, familiales et sociales et constitue un tremplin vers les métiers qui se rapportent à l'environnement et aux sciences fondamentales.

Cette partie du programme permet de développer un certain nombre de compétences :

• **Des connaissances :** l'approche des ressources énergétiques permet de fournir des connaissances de base sur la photosynthèse (équation bilan), permet de comprendre l'origine des combustibles fossiles, des courants atmosphériques et océaniques ;

l'étude des sols permet de remobiliser les connaissances du collège et amène des connaissances géologiques sur les processus de formation du sol. Ces connaissances restent modestes, il convient uniquement de comprendre qu'un sol se forme lentement mais peut être dégradé rapidement.

• **Des capacités :** cette partie du programme permet de pratiquer les étapes essentielles de la démarche d'investigation : observation, questionnement, formulation d'hypothèses, expérimentation, raisonnement, communication. Diverses activités manipulatoires sont possibles : ExAO par exemple (photosynthèse et échanges gazeux…), modélisation (pour comprendre par exemple l'origine des vents et des courants marins, la formation des combustibles fossiles…), observations diverses (sols, roches…).

• **Des attitudes :** dans cette partie, les élèves auront l'occasion de prendre conscience des responsabilités individuelles et collectives des hommes face à l'environnement, à la production agricole et à la nécessaire gestion des ressources naturelles.

Cette deuxième partie est découpée en quatre chapitres : le **chapitre 1** permet de comprendre que les combustibles fossiles sont en fait des formes d'énergie solaire, ils sont issus d'une énergie solaire du passé. Le **chapitre 2** montre que les autres formes d'énergie hydroélectriques, éoliennes sont aussi des formes d'énergie solaire. Ce chapitre pose les enjeux du défi énergétique en montrant que l'immense majorité de l'énergie provenant de l'activité solaire est en fait sous-exploitée. Le **chapitre 3** est consacré au défi alimentaire : nourrir l'humanité au XXIe siècle. Il s'agit de montrer l'importance de la gestion de l'eau et des sols cultivables, deux ressources essentielles, mais limitées, fragiles et souvent mal exploitées. Le **chapitre 4** traite plus précisément du problème des sols, aborde leur formation à l'interface du monde vivant et minéral, montre d'une part la longue histoire de leur formation, d'autre part les menaces qui pèsent sur leur durabilité.

Une correspondance entre le programme officiel et les chapitres du manuel

Connaissances	Les chapitres du manuel
Le soleil, une source d'énergie essentielle La lumière solaire permet, dans les parties chlorophylliennes des végétaux, la synthèse de matière organique à partir d'eau, de sels minéraux et de dioxyde de carbone. Ce processus permet, à l'échelle de la planète, l'entrée de matière minérale et d'énergie dans la biosphère. La présence de restes organiques dans les combustibles fossiles montre qu'ils sont issus d'une biomasse. Dans des environnements de haute productivité, une faible proportion de la matière organique échappe à l'action des décomposeurs puis se transforme en combustible fossile au cours de son enfouissement. La répartition des gisements de combustibles fossiles montre que transformation et conservation de la matière organique se déroulent dans des circonstances géologiques bien particulières. La connaissance de ces mécanismes permet de découvrir les gisements et de les exploiter par des méthodes adaptées. Cette exploitation a des implications économiques et environnementales.	chapitre **1** **Le soleil, source d'énergie de la biosphère** (pages 118-139) **Les activités pratiques** **Act. 1** La production de matière organique par les végétaux **Act. 2** Une photosynthèse sous conditions **Act. 3** L'importance planétaire de la photosynthèse **Act. 4** Le charbon, un exemple de biomasse fossilisée **Act. 5** Prospecter des gisements de combustibles fossiles

Connaissances	Les chapitres du manuel
L'utilisation de combustible fossile restitue rapidement à l'atmosphère du dioxyde de carbone prélevé lentement et piégé depuis longtemps. Brûler un combustible fossile, c'est en réalité utiliser une énergie solaire du passé. L'augmentation rapide, d'origine humaine, de la concentration du dioxyde de carbone dans l'atmosphère interfère avec le cycle naturel du carbone. L'énergie solaire est inégalement reçue à la surface de la planète. La photosynthèse en utilise moins de 1 %. Le reste chauffe l'air (par l'intermédiaire du sol) et l'eau (ce qui est à l'origine des vents et courants) et évapore l'eau (ce qui permet le cycle de l'eau). Utiliser l'énergie des vents, des courants marins, des barrages hydroélectriques, revient à utiliser indirectement de l'énergie solaire. Ces ressources énergétiques sont rapidement renouvelables. La comparaison de l'énergie reçue par la planète et des besoins humains en énergie permet de discuter de la place actuelle ou future de ces différentes formes d'énergie d'origine solaire.	**chapitre 2** **Le défi énergétique, du non renouvelable au renouvelable** (pages 140-159) **Les activités pratiques** **Act. 1** Combustibles fossiles et rejet de CO_2 **Act. 2** L'énergie éolienne, une énergie d'origine solaire **Act. 3** L'énergie hydroélectrique, une énergie d'origine solaire **Act. 4** Quelles énergies pour demain ?
Pour satisfaire les besoins alimentaires de l'humanité, l'Homme utilise à son profit la photosynthèse. L'agriculture a besoin pour cela de sols cultivables et d'eau : deux ressources très inégalement réparties à la surface de la planète, fragiles et disponibles en quantités limitées. Elle entre en concurrence avec la biodiversité naturelle. La biomasse végétale produite par l'agriculture est une source de nourriture mais aussi une source de combustibles ou d'agrocarburants. Ces deux productions entrent en concurrence.	**chapitre 3** **Nourrir l'humanité : un défi pour le XXIe siècle** (pages 161-175) **Les activités pratiques** **Act. 1** Nourrir 9 milliards d'humains **Act. 2** Eau et sols : deux ressources essentielles **Act. 3** Des ressources limitées et inégalement réparties **Act. 4** Agriculture, alimentation et énergie
Un sol résulte d'une longue interaction entre les roches et la biosphère, conditionnée par la présence d'eau et la température. Le sol est lent à se former, inégalement réparti à la surface de la planète, facilement dégradé et souvent détourné de sa fonction biologique. Sa gestion est un enjeu majeur pour l'humanité.	**chapitre 4** **Les sols, enveloppes vivantes et fragiles** (pages 176-195) **Les activités pratiques** **Act. 1** La formation d'un sol **Act. 2** Les facteurs essentiels de la formation d'un sol **Act. 3** Les sols, ressources menacées **Act. 4** Vers une gestion durable des sols

CHAPITRE 1

Le soleil, source d'énergie de la biosphère

ACTIVITÉ 1

La production de matière organique par les végétaux (p. 120-121)

Connaissances	Capacités et attitudes
La lumière solaire permet, dans les parties chlorophylliennes des végétaux, la synthèse de matière organique à partir d'eau, de sels minéraux et de dioxyde de carbone.	Établir, à l'aide d'arguments expérimentaux, les grands éléments de bilan de la photosynthèse.

1. Les intentions pédagogiques

Les intentions didactiques et pédagogiques de cette activité mettent en œuvre des compétences variées. Il s'agit pour le **document 1**, de prendre des éléments d'information à partir de textes anciens simplifiés. Ce texte montre le chemin parcouru depuis l'expérience de Bonnet (1747) où il montre que la plante dégage un gaz au soleil. En effet il est plus facile de montrer un dégagement de gaz, dans l'eau par exemple, qu'une absorption. Dès 1727 cependant, Hales émet l'idée que la nourriture des végétaux provient de l'air ambiant et que l'organe concerné est la feuille. En 1772, Priestley montre que la plante produit de l'air « déphlogistiqué » (= le dioxygène), qui conserve un animal en vie et permet la combustion. Il dit que la plante purifie l'air. Mais Priestley ne fait pas le lien avec la nécessité de lumière pour la production d'oxygène par la plante. C'est Ingenhousz (ou Ingen-Housz) qui fait le lien avec la nécessité de soleil, dans son livre publié en Angleterre, à Londres, en 1779, *Expériences sur les végétaux*. En 1782, Sennebier entretient de nombreuses correspondances avec Priestley. Il va alors montrer que l'oxygène est produit seulement quand du CO_2 est présent et absorbé. Il en est alors déduit, de manière erronée, que l'oxygène proviendrait du CO_2.

Ce document permet de montrer aux élèves que la construction du savoir se fait par étapes. Ainsi, l'idée de l'absorption nécessaire de CO_2 pour produire de la matière organique est démontrée plus d'un demi-siècle après celle du rôle de l'air dans la nutrition de la plante.

Notons en complément du texte qu'il faudra attendre le tout début du XIXe siècle pour que de Saussure montre que la photosynthèse nécessite aussi de l'eau.

Une collaboration avec les sciences physiques facilitera la prise de conscience de la construction du savoir entre la chimie et la compréhension des grandes fonctions du monde vivant : découverte de la composition de l'air puis de la combustion par Lavoisier (1776), voire aussi de l'appellation de « dioxygène » ou de « dioxyde de carbone ».

Le **document 2** est la réalisation d'un protocole d'expérience de laboratoire classique quant aux outils utilisés. Le dispositif général est assez complexe. Il peut être décrypté ou encore imaginé par l'élève selon les compétences et les objectifs choisis. Cette expérience de laboratoire classique nécessitera un complément de fiche protocolaire, à fournir selon le matériel disponible au laboratoire.

Les mises en évidence de la présence d'amidon après décoloration à l'alcool sont un apprentissage à la rigueur et à la sécurité en laboratoire.

Le **document 3** consolide l'acquisition de compétences expérimentales apportant, par rapport à l'expérience précédente, plus de rigueur et de précision, avec notamment des mesures quantitatives.
Après les atermoiements dans la construction du savoir sur la nature des échanges gazeux des plantes au XVIIIe siècle, l'élève peut, dans un laboratoire de lycée, mettre en œuvre ce qui a demandé plus d'un demi-siècle de tâtonnements. L'usage de capteurs différents permet de comparer la teneur du milieu en CO_2 et O_2 et d'en déduire le lien dynamique dans l'utilisation des gaz par la plante. À la lumière, du dioxygène est produit pendant que du dioxyde de carbone est absorbé.

Le **document 4** est l'occasion d'utiliser un logiciel de visualisation de molécules afin de retrouver la distinction entre carbone minéral et carbone organique. C'est aussi l'occasion de s'approprier la notion de macromolécule, fréquente en biologie.

Plusieurs approches pédagogiques sont possibles :
- les études expérimentales nécessitent un travail en présentiel, mais on peut par exemple demander au préalable une analyse du texte du **document 1** « en distanciel » (chez soi ou au lycée) ;
- on peut faire pratiquer les études expérimentales par ateliers, séance suivie d'une mutualisation des études réalisées par les différents groupes ;
- on pourrait également envisager une pédagogie de classe inversée, en utilisant l'expérience ExAO comme point de départ.

2. Pistes de travail

Doc. 1 Expérience de Bonnet : feuille de vigne dans un poudrier rempli d'eau, exposé au soleil

À l'aide du **document 1**, on peut mettre l'élève en situation d'analyse d'un texte ancien et le laisser découvrir chronologiquement la construction du savoir : nourriture dans l'air (Hales), air dégagé au soleil (Bonnet, sans préciser si c'est la température de l'eau ou la lumière du soleil qui agit), le dégagement de dioxygène (Priestley), le rejet de dioxygène si absorption de CO_2 (Sennebier).

Doc. 2 Une expérience qui montre la nécessité du CO_2

L'expérience présentée par le **document 2** démontre que la présence, dans une feuille chlorophyllienne, de glucides complexes du type de l'amidon nécessite la présence de CO_2 dans l'air ambiant.

Doc. 3 Les échanges gazeux caractéristiques de la photosynthèse

Le **document 3** démontre que l'absorption du dioxyde de carbone est dépendante de la présence de la lumière. On constate aussi que la plante rejette alors du dioxygène.

Doc. 4 Des modèles moléculaires pour mieux comprendre

Le **document 4** permet d'établir le lien entre les **documents 3** et **4** : on comprend en effet que le CO_2 absorbé est la matière première indispensable pour construire des molécules organiques glucidiques comme le glucose et l'amidon.
À l'issue de cette activité, le schéma attendu correspond à celui qui figure en bilan du chapitre.

3. Ressource complémentaire

- Étude par ExAO de la photosynthèse : http://www.snv.jussieu.fr/vie/dossiers/expPS2/ExAO/ExAO.htm

ACTIVITÉ 2

Une photosynthèse sous conditions (p. 122-123)

Connaissances	Capacités et attitudes
La lumière solaire permet, dans les parties chlorophylliennes des végétaux, la synthèse de matière organique à partir d'eau, de sels minéraux et de dioxyde de carbone.	Établir, à l'aide d'arguments expérimentaux, les grands éléments de bilan de la photosynthèse.

1. Les intentions pédagogiques

Cette deuxième activité concernant la photosynthèse complète l'activité précédente en s'attachant d'une part à la présence de chlorophylle et de lumière (le rôle de la lumière avait été montré expérimentalement avec l'expérience ExAO) et d'autre part aux rôles des sels minéraux. L'élève est alors conduit à faire la nuance entre ce qui est nécessaire et ce qui favorise la photosynthèse. Une ouverture prospective est envisagée sur l'avenir dans le développement des biotechnologies.
Les compétences développées ici, à la fois expérimentales et théoriques (graphique de rendement), permettent de travailler des mises en relation plus complexes.

Le **document 1** présente une étude expérimentale qui ressemble, dans la réalisation du protocole, à la mise en évidence de la matière organique produite par la feuille (activité 1). Si sa mise en œuvre expérimentale est voisine, le bilan est moins direct. Une évaluation de type « ECE » pourrait être proposée si l'élève a fait l'expérience de l'activité 1.

Le **document 2** est une expérience réalisée en dehors du laboratoire, en plein champ. Le lien demandé entre l'analyse de l'image et le tableau de rendement en fonction de la quantité d'azote fournie fait appel à d'autres compétences : lecture de supports variés, analyse de tableau de valeurs.

Le **document 3** est prospectif. Il montre la possibilité, grâce à la connaissance du mécanisme de photosynthèse, de développer des dispositifs qui existent chez les êtres vivants et de les reproduire. Ce document permet de comprendre les possibilités de « domestiquer » l'énergie solaire. Ceci prépare au chapitre 2 consacré au « défi énergétique ». On peut aussi réfléchir à la pertinence du choix d'un site pour installer une centrale photovoltaïque (ensoleillement, obliquité des rayons du soleil…)
Un travail de collaboration avec les sciences physiques pourrait être envisagé sous forme de projet notamment pour le fonctionnement des panneaux solaires, ou simplement en biologie, de procéder à un état des lieux de la recherche dans ce domaine.

2. Pistes de travail

La réalisation des expériences montre que la production d'amidon dans une feuille nécessite impérativement la présence de chlorophylle et de lumière.
Les résultats présentés par le **document 3** montrent cependant que certains facteurs,

comme la présence d'éléments minéraux dans le sol, influencent la photosynthèse. La demande faite à l'élève de compléter le schéma bilan réalisé à l'issue de l'activité 1 peut permettre de distinguer les conditions « nécessaires » et les facteurs « favorables ».

3. Ressources complémentaires

- Rôle de l'éclairement sur la photosynthèse: http://www.snv.jussieu.fr/vie/dossiers/expPS2/ExAO/light.htm
- Site EDF énergies nouvelles et la centrale photovoltaïque de Crucey (Eure-et-Loir): http://www.edf-energies-nouvelles.com/wp-content/uploads/2012/09/dp_centralepv_crucey_new-1.pdf

ACTIVITÉ 3 L'importance planétaire de la photosynthèse (p. 124-125)

Connaissances	Capacités et attitudes
Ce processus (la photosynthèse) permet, à l'échelle de la planète, l'entrée de matière minérale et d'énergie dans la biosphère. Objectifs et mots clés: productivité primaire, biomasse.	Recenser, extraire et organiser des informations pour prendre conscience de l'importance planétaire de la photosynthèse.

1. Les intentions pédagogiques

Il s'agit ici d'étendre l'importance de la photosynthèse à l'ensemble de la biosphère. L'objectif est de montrer que le soleil est la source d'énergie du monde vivant (en Seconde, on laisse de côté les différentes exceptions pourtant bien connues).
En se basant sur les connaissances du collège, on aborde la notion de productivité primaire et surtout de productivité primaire nette, c'est-à-dire celle disponible pour le reste du monde vivant. On montre aussi que la matière végétale produite est le support d'un transfert d'énergie au sein des chaînes alimentaires. On précise que les transferts entre les différents maillons s'accompagnent d'inévitables pertes liées au métabolisme hétérotrophe. Enfin, on montre ici que les écosystèmes ne sont pas toujours à l'équilibre et que des fuites de matière organique sont possibles.

Les **documents 1** et **2** permettent de définir la productivité primaire nette et amènent la notion de biomasse aussi bien dans les océans que sur les continents. Les documents montrent les variations latitudinales et longitudinales de cette production ainsi que les variations saisonnières. Ils permettent de se poser la question de la variation de l'activité photosynthétique dans le temps et l'espace et ainsi d'émettre des hypothèses sur les variations d'insolation, le rôle de la température, des apports nutritifs, etc.

Erratum: sur le document 1, la productivité primaire nette des océans est exprimée en g de C par m^2 et par ***an*** *(et non par jour).*

Le **document 3** illustre ce que devient la matière organique végétale absorbée par les consommateurs. Il fait prendre conscience à l'élève, à partir de données simples, que les pertes de matière et d'énergie qui se produisent le long d'une chaîne alimentaire sont très importantes.

On constate également que le résultat de la décomposition de la matière organique est le même que celui de la respiration (CO_2). À partir de ce document, il devient donc possible d'établir une première approche très simple du cycle du carbone.

Le **document 4** complète le **document 3** en montrant que les écosystèmes ne sont pas nécessairement à l'équilibre. Une fuite de matière organique mal dégradée est possible via le cycle de l'eau et le transport par les rivières. Le devenir de cette matière organique mal dégradée, amenée vers les océans et les mers et enfouie sous les sédiments, est posé : ce sera l'objet des deux activités suivantes.

2. Pistes de travail

Doc. 1 et Doc. 2

Ces documents montrent que les organismes photosynthétiques occupent une bonne partie des continents, une grande partie des littoraux et des mers peu profondes. Leur productivité primaire nette, c'est-à-dire la matière organique qui est disponible pour les autres êtres vivants, varie en fonction des saisons, au gré des variations d'insolation et de température. Le Soleil a donc, par ce biais, une influence sur le fonctionnement de l'ensemble de la biosphère. La photosynthèse a une importance planétaire pour la biosphère : elle permet l'entrée d'une quantité considérable de carbone dans les chaînes alimentaires.

Doc. 3 Réseaux trophiques et flux d'énergie

L'exemple illustré par le **document 3** montre que les consommateurs fabriquent leur matière en utilisant de la matière organique déjà produite par les végétaux ou d'autres consommateurs. Ils utilisent ainsi, directement ou indirectement, de la matière et de l'énergie issues de l'activité photosynthétique des plantes.
Cependant, la respiration et la décomposition de la matière organique assurent un retour du C à l'état minéral sous forme de CO_2. Il s'établit donc ainsi un cycle du carbone.

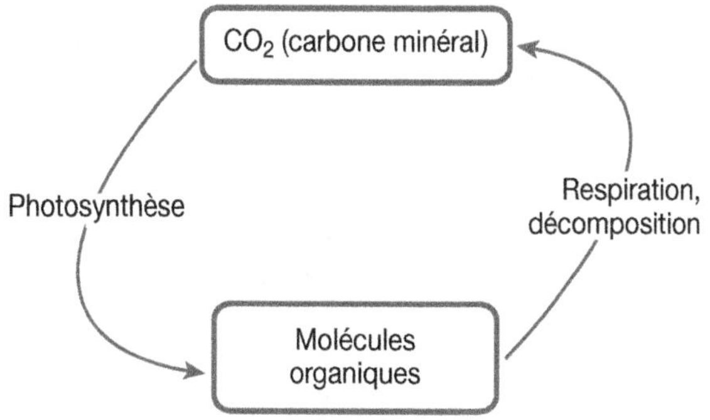

Le **document 3** montre qu'à chaque maillon d'une chaîne alimentaire une petite partie seulement de la matière consommée sert à la croissance et constitue la matière disponible pour le maillon suivant. Ainsi, pour assurer le fonctionnement de l'ensemble du réseau trophique d'un écosystème, il est nécessaire que les végétaux chlorophylliens produisent une quantité considérable de biomasse.

Doc. 4 Des fuites de matière organique dans les écosystèmes

Ce document montre cependant que, dans un écosystème, toute la matière organique n'est pas nécessairement recyclée en CO_2. Une fuite de matière organique mal dégradée par les rivières prive donc l'écosystème d'une partie de ses ressources.

On peut se poser la question du devenir de cette matière organique mal dégradée qui, transportée par les rivières, va être ensevelie sous des sédiments dans des bassins océaniques.

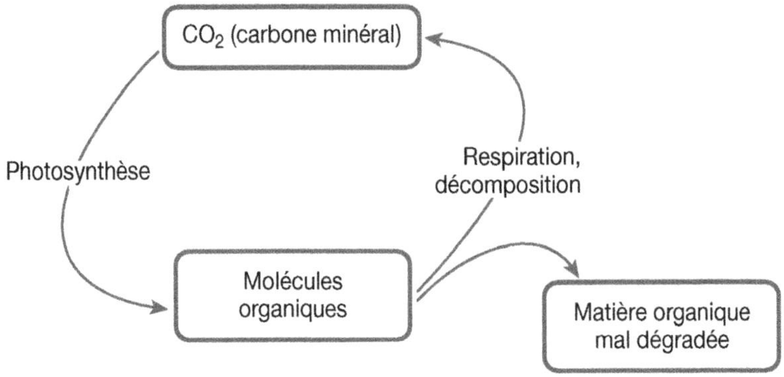

C'est par la dégradation des molécules organiques (respiration) que les êtres vivants se procurent l'énergie dont ils ont besoin. Cependant, c'est le soleil qui fournit au départ l'énergie nécessaire à la production des matières organiques ainsi exploitées dans les chaînes alimentaires. Le soleil est donc bien la source d'énergie de la biosphère.

3. Ressource complémentaire

- Le site Nasa Earth Observation permet l'étude de la productivité primaire nette en fonction des saisons : http://neo.sci.gsfc.nasa.gov/Search.html

ACTIVITÉ 4 Le charbon, un exemple de biomasse fossilisée (p. 126-127)

Connaissances	Capacités et attitudes
La présence de restes organiques dans les combustibles fossiles montre qu'ils sont issus d'une biomasse. Dans des environnements de haute productivité, une faible proportion de la matière organique échappe à l'action des décomposeurs puis se transforme en combustible fossile au cours de son enfouissement. La répartition des gisements de combustibles fossiles montre que transformation et conservation de la matière organique se déroulent dans des circonstances géologiques bien particulières.	Repérer dans la composition et les conditions de gisement les indices d'une origine biologique d'un exemple de combustible fossile. Manipuler, modéliser, extraire et exploiter des informations, si possible sur le terrain et/ou modéliser pour comprendre les caractéristiques d'un gisement de combustible fossile (structure, formation, découverte, exploitation).

1. Les intentions pédagogiques

L'objectif de cette double page est de présenter un exemple de gisement de combustibles fossiles. Le programme officiel laissant le choix de l'exemple à traiter, les auteurs ont opté pour un gisement de charbon français, le site de Graissessac dans la Montagne noire (Hérault). L'exemple du charbon est en effet plus démonstratif que celui du pétrole pour mettre en évidence l'origine biologique des roches carbonées ; il permet en outre une approche « de terrain » centrée sur des observations d'affleurement, de roches, d'accidents tectoniques de manière à reconstituer, par le principe d'actualisme, les conditions de formation du combustible.

Pour information, la carrière de Graissessac a été exploitée jusque récemment, elle n'a fermé qu'en avril 2004. Elle était alors la dernière mine de charbon encore en exploitation. Elle fait partie des carrières dites ouvertes, le gisement est un bassin de type limnique, un type de bassin lacustre de faible profondeur fréquent dans tout le pourtour du Massif central. Le bassin a une longueur de 30 km et une largeur de 2 km.

Le **document 1** donne les informations essentielles sur le gisement : localisation géographique, âge de la formation (carbonifère supérieur, stéphanien), photographie de l'affleurement (front de taille) permettant d'observer la puissance des strates et leur disposition. On peut y voir l'alternance des couches de houille et des couches de sédiments détritiques (grès). Une image issue de Google Earth permet de constater la proximité du village, ainsi que les chemins d'accès au site d'exploitation. Enfin, trois échantillons de fossiles retrouvés dans les couches de charbon sont présentés, ils sont à mettre en regard de la reconstitution paléogéographique présentée par le **document 2**.

Le **document 3** apporte les connaissances nécessaires pour comprendre la formation du gisement, il est transposable à bon nombre d'autres petits bassins limniques français.

2. Pistes de travail

Le site de Graissessac présente une alternance de couches de charbon sombres et de couches sédimentaires plus claires de quelques dizaines de mètres chacune (**document 1**). Les roches sont datées du carbonifère supérieur (–300 Ma). Les couches sédimentaires n'ont pas une épaisseur régulière, la couche principale de charbon est par exemple plus épaisse sur la droite du front de taille. Les changements de dépôts dans le bassin sédimentaire peuvent se comprendre par des variations de l'activité tectonique et des variations de l'apport sédimentaire liées à l'érosion. À l'époque du carbonifère, la production de biomasse est facilitée par la présence sur la planète de formes végétales exubérantes, fougères arborescentes géantes par exemple, calamites, « fougères » à graines (**documents 1** et **2**). La période est aussi marquée par la localisation de la « France » au niveau équatorial (**document 2**) ce qui favorise un climat ensoleillé, chaud et humide propice à la photosynthèse et au développement de la forêt.

Le climat chaud et humide favorise aussi l'érosion intense des reliefs proches (chaîne Hercynienne, Massif central) : les fossiles, les roches sédimentaires détritiques teintées d'oxyde de fer témoignent de ces conditions. Au gré des variations de l'activité tectonique et des apports sédimentaires liés à l'érosion, le bassin se remplit alternativement de couches de sables et de couches de matière végétale provenant de la destruction de la forêt (**document 3**). À l'abri de l'air, les éléments organiques compressés, enfouis de plus en plus profondément, fermentent, se réchauffent et se transforment en charbon. Chaque couche de charbon est le résultat de la disparition d'une forêt houillère.

Une recherche sur Internet permet à l'élève de retrouver facilement d'autres bassins houillers stéphaniens : Rodez, Decazeville, Carmaux, etc.

3. Ressource complémentaire

- La découverte du site de Graissessac dans la lithothèque de l'académie de Montpellier : http://pedagogie.ac-montpellier.fr/svt/litho/graissessac/ (voir notamment la possibilité d'extraction de microfossiles dans les sédiments houillers)

ACTIVITÉ 5

Prospecter des gisements de combustibles fossiles (p. 128-129)

Connaissances	Capacités et attitudes
La répartition des gisements de combustibles fossiles montre que transformation et conservation de la matière organique se déroulent dans des circonstances géologiques bien particulières.	Manipuler, modéliser, extraire et exploiter des informations, si possible sur le terrain et/ou modéliser pour comprendre les caractéristiques d'un gisement de combustible fossile (structure, formation, découverte, exploitation).

1. Les intentions pédagogiques

L'activité précédente a permis de montrer comment peut se former un gisement de combustible fossile. Il s'agit maintenant de comprendre comment on peut prospecter pour repérer l'existence de tels gisements et les exploiter.

Pour illustrer la fossilisation de biomasse végétale, il est plus facile de prendre l'exemple d'un gisement de charbon. En revanche, concernant la prospection et l'exploitation, le choix du pétrole ou du gaz apparaît plus judicieux. Sans rechercher l'exhaustivité, on donne ainsi un aperçu de la diversité des gisements de combustibles fossiles.

Le **document 1** confirme, pour le pétrole et le gaz, ce qui a été vu lors de l'activité précédente concernant le charbon. On retrouve ici trois éléments essentiels :
- la biomasse qui échappe à la décomposition ;
- l'enfouissement en profondeur ;
- le chauffage « modéré » qui transforme les molécules organiques de la matière vivante en hydrocarbures (qui sont également des molécules organiques).

Le **document 2** a un caractère explicatif : il montre que la formation d'un gisement exige un contexte géologique favorable : roche réservoir susceptible de stocker les hydrocarbures, roche couverture et/ou structure tectonique empêchant ceux-ci de s'échapper.

Le **document 3** est à mettre en relation avec le **document 2**, sans lequel il ne peut pas être compris ; l'intérêt est de montrer quels moyens technologiques sont mis en œuvre et comment se présente le résultat de l'investigation. On prendra soin de bien distinguer le résultat brut de son schéma d'interprétation.

L'objectif du **document 4** est de proposer une ouverture sur la diversité des gisements d'hydrocarbures et d'initier une réflexion sur l'impact environnemental de leur exploitation. Le cas des « sables bitumineux » est à distinguer de celui des « gaz de schiste » (voir « Pour aller plus loin », page 132).

2. Pistes de travail

Les étapes de la formation de pétrole sont les suivantes :
- accumulation d'une importante biomasse ;
- enfouissement en profondeur (2000 à 3000 m) ;
- augmentation de la température (60 à 90 °C) ;
- transformation progressive des molécules organiques ;
- migration dans une roche réservoir ;
- formation d'une structure de type « piège » empêchant la perte des hydrocarbures formés.

Les gisements de pétrole sont rares car la réunion de tous ces facteurs ne peut être qu'exceptionnelle.
On trouvera facilement de la documentation sur de nombreux exemples de gisements d'hydrocarbures : gisements classiques de pétrole ou de gaz, schistes bitumineux, gaz de schiste.
Les enjeux évoqués seront ceux du développement durable : économie, impact environnemental, raréfaction des ressources, modèle de développement…

Exercices

La correction des exercices 1 à 5 figure dans le manuel page 279.

Exercice 6 Une étude expérimentale

Réponse **b** : les conditions de la photosynthèse sont réunies : le dioxyde de carbone est absorbé et du dioxygène est rejeté.

Exercice 7 Exercice guidé : Pigments colorés et répartition des algues marines

Les algues vertes possèdent de la chlorophylle a et b et des caroténoïdes. Elles peuvent donc être sensibles au bleu et au rouge.

Les algues brunes possèdent de la chlorophylle a et c et des caroténoïdes. Elles peuvent donc être sensibles au bleu (surtout) et au rouge.

Les algues rouges possèdent de la chlorophylle, des caroténoïdes et des phycobilines. Elles peuvent donc être sensibles au bleu, au rouge et au vert.

Les radiations rouges pénètrent peu dans l'eau de mer, elles ne sont plus présentes après 20 m de profondeur.

Les radiations bleues pénètrent mieux que les rouges dans l'eau de mer, même si leur présence décroît avec la profondeur, elles sont présentes jusqu'à – 100 m.

Les radiations vertes sont présentes jusqu'à 120 m de profondeur et leur intensité ne semble pas diminuer. Elles sont peu absorbées par les eaux de surface.

Les algues vertes, qui utilisent grâce à leurs pigments photosynthétiques principalement le rouge et le bleu, vont préférentiellement vivre à faible profondeur (jusqu'à une vingtaine de mètres). Le manque de rouge et leur incapacité à utiliser le vert vont les rendre moins compétitives que les autres algues à plus grande profondeur.

Les algues brunes, grâce à leur chlorophylle c, utilisent mieux le bleu que les algues vertes, elles vont donc pouvoir vivre à de plus grandes profondeurs (jusqu'à – 60 m).

Les algues rouges, grâce à leurs phycobilines, vont utiliser le vert et donc pouvoir se développer jusqu'à plus de 100 m de profondeur.

Exercice 8 Du bitume dans les sédiments du bassin de la Limagne

1. Le fossé de la Limagne est bordé par des failles (trois sont visibles sur le document) qui, comme l'indiquent les flèches, ont provoqué le basculement du compartiment est (ce sont des failles normales). Le socle a été fracturé, un bassin s'est ouvert permettant le dépôt des sédiments. Les sédiments étant caractéristiques d'un dépôt sous une faible profondeur d'eau, il faut imaginer que le basculement s'est effectué très lentement mais il a duré longtemps, ce qui explique l'épaisseur considérable des dépôts (on parle de subsidence).

2. Du fait de l'enfouissement, les dépôts contenant de la matière organique mal dégradée ont été amenés à de plus hautes températures. La matière organique a été dégradée thermiquement et du bitume s'est formé.

Exercice 9 Un projet de stockage de CO_2 à Lacq

1. Le rejet massif de CO_2 dans l'atmosphère pose problème car il amplifie l'effet de serre naturel de la Terre. Il est de ce fait responsable d'un réchauffement climatique.

2. La région de Lacq possède des roches poreuses capables de renfermer le CO_2 que l'on pourrait pomper dans l'atmosphère. Ces roches poreuses sont surmontées de roches imperméables susceptibles de former une couverture piégeant le CO_2 dans la roche réservoir sous-jacente. Ce dispositif a fait ses preuves puisqu'il a emprisonné pendant des millions d'années du gaz naturel.

Exercice 10 Photosynthèse et taux de CO_2 dans le milieu

On attend tout ou partie des points suivants :
- une utilisation de l'image de montage proposé pour adapter le protocole expérimental au matériel disponible ;
- l'utilisation privilégiée de la sonde à dioxygène pour matérialiser l'intensité photosynthétique ;
- le dépôt plus ou moins important d'acide sur le calcaire pour dégager plus ou moins de CO_2 ;
- la réalisation d'un témoin (pas d'ajout de CO_2) ;
- une critique des résultats adaptés à ce qui est réellement obtenu et aux conditions matérielles effectivement présentes ;
- une communication des résultats (graphiques annotés par exemple) qui reprend bien les conditions expérimentales (indication des ajouts d'acide et de la quantité ajoutée, légendes des courbes).

Tâche complexe

La « maison aux algues », un immeuble qui produit sa propre chaleur ! (p. 138-139)

Les intentions pédagogiques

Le sujet choisi pour cette « tâche complexe » a indéniablement pour atout de susciter la curiosité et l'intérêt. Devant cet exemple, l'élève est immédiatement amené à se poser des questions.

Mais le choix de cet exemple est également justifié parce qu'il correspond parfaitement à la problématique de ce chapitre : il relie en effet la photosynthèse à des problématiques énergétiques. Du point de vue biologique, c'est aussi l'occasion de comprendre le lien entre production et utilisation des molécules organiques.

Ce sujet se prête aussi au développement d'une réflexion s'inscrivant dans la perspective d'un développement durable : on aborde en effet la question importante des dépenses énergétiques liées au logement.

Enfin, ce sujet permet d'exercer un esprit critique, en réfléchissant à la faisabilité du développement de telles réalisations et aux obstacles rencontrés.

Les documents

Le **document 1** présente l'objet de cette étude. Les photographies et les précisions données par le texte donnent la possibilité d'inventorier tous les facteurs optimisant la photosynthèse (surface exposée à la lumière, CO_2, enrichissement en éléments minéraux…).

On comprend aussi que c'est à partir de la biomasse que du gaz combustible sera produit : l'explication de cette production est présentée par le **document 4**. Le processus biologique de la fermentation n'est pas à détailler, mais ce document permet de comprendre que la biomasse produite « alimente » des bactéries, le méthane étant un produit secondaire de cette activité métabolique. Du reste, les élèves ont peut-être eu l'occasion de voir, ici ou là, ce type de fermenteur.

Le **document 2** présente les algues photosynthétiques utilisées : on retrouve ainsi l'organisation cellulaire eucaryote déjà étudiée dans les chapitres précédents et notamment la présence de chloroplastes. Le **document 3** peut être mis en relation avec le **document 1** : la culture expérimentale réalisée ici en ballon peut être mise en relation avec la « maison aux algues » : ce que l'on observe dans ces ballons est très exactement ce qui se passe dans l'épaisseur des vitrages. On pourra par exemple relever les analogies : lumière, CO_2, éléments minéraux, production primaire.

Démarches possibles

Aucune démarche n'est à privilégier. Il est bien entendu incontournable de présenter avec précision l'objet de l'étude. On peut ensuite mettre l'accent sur la production primaire puis sur l'exploitation de celle-ci à des fins énergétiques.

Production attendue

Il est ici suggéré de réaliser un exposé ou un diaporama. Ce ne sont que des suggestions. Il appartient bien entendu au professeur et aux élèves de déterminer la forme choisie pour cette présentation.

CHAPITRE 2

Le défi énergétique, du non renouvelable au renouvelable

ACTIVITÉ 1 Combustibles fossiles et rejet de CO_2 (p. 142-143)

Connaissances	Capacités et attitudes
L'utilisation de combustible fossile restitue rapidement à l'atmosphère du dioxyde de carbone prélevé lentement et piégé depuis longtemps. Brûler un combustible fossile, c'est en réalité utiliser une énergie solaire du passé.	Manipuler, modéliser, extraire et exploiter des informations pour repérer dans une archive géologique simple les indices d'une variation d'origine humaine de la teneur en dioxyde de carbone atmosphérique.
L'augmentation rapide, d'origine humaine, de la concentration du dioxyde de carbone dans l'atmosphère interfère avec le cycle naturel du carbone.	Représenter un cycle du carbone simplifié mais quantifié pour comprendre en quoi l'utilisation des combustibles fossiles constitue un enjeu planétaire.

1. Les intentions pédagogiques

L'objectif de ces pages est de présenter le cycle naturel du carbone, les principaux réservoirs, les modes de transfert du carbone entre ces réservoirs pour ensuite comprendre comment l'Homme intervient et perturbe cet équilibre naturel. Conformément aux exigences du programme officiel, le cycle du carbone est présenté d'une manière très simple, schématisable par l'élève, mais il est quantifié, c'est-à-dire qu'il permet de comparer les flux anthropiques aux flux naturels pour envisager réellement l'impact des activités humaines.

Le **document 1** rappelle ainsi, en préambule, les notions du chapitre précédent concernant ces énergies fossiles. En illustration, une centrale thermique montre par exemple l'usage du charbon (visible sur la photographie) pour la production d'électricité.
Une expérience visant à démontrer le rejet de dioxyde de carbone par combustion est ensuite proposée.

Cette manipulation, relativement simple, est réalisable en classe. Quelques précautions sont à prendre :

- disposer d'un bulleur suffisamment puissant pour provoquer le barbotage de l'air jusqu'au dernier bocal (cela suppose également une bonne étanchéité de l'ensemble du montage) ;
- utiliser une bougie produisant peu de fumée lors de la combustion, ce qui évitera de laisser penser aux élèves que la fumée trouble l'eau de chaux ;
- réaliser la combustion au moment où l'eau de chaux du premier récipient est trouble mais pas l'eau de chaux du second ; en effet, si l'expérience prend trop de temps, tous les bocaux finiront par se troubler du fait du dioxyde de carbone présent dans l'air.

Il est possible de laisser les élèves réfléchir à la mise en œuvre du protocole expérimental à partir d'une liste de matériel imposé.

Enfin, cette expérience peut aussi être l'occasion de travailler sur les échanges de carbone entre certains réservoirs (illustrés par le **document 3**).

Le **document 1** se termine par une représentation graphique simple des différents secteurs d'activité émetteurs de dioxyde de carbone. Ceci a pour but de faire prendre conscience aux élèves que toute activité humaine reposant sur l'utilisation de ces énergies fossiles est à l'origine d'importants rejets de dioxyde de carbone. Les valeurs indiquées et leur unité ont ici un intérêt majeur pour l'ensemble de l'activité.

Le **document 2** a pour objectif de démontrer que les rejets anthropiques illustrés dans le document précédent sont loin d'être négligeables.
Il faut ainsi relever que le taux de CO_2 actuel n'a jamais été aussi élevé depuis 800000 ans (texte) ce qu'illustre bien la courbe. Cette dernière est focalisée sur le dernier millénaire, ce qui permet de mieux observer la « coïncidence » entre la rupture de pente du tracé et la révolution industrielle.

Le **document 3** présente un cycle naturel du carbone. Ce document simplifie bien évidemment les échanges qui se déroulent réellement entre les différents réservoirs du globe et qui restent, par ailleurs, difficiles à estimer.
Sur une courte échelle de temps (de l'ordre de l'année), on peut estimer que l'ensemble des échanges entre l'atmosphère et les autres réservoirs est équilibré (ce que peut montrer un calcul simple à partir des données chiffrées du document) ce qui conduit à l'idée d'une stabilité du taux de CO_2 atmosphérique.

Le texte précise bien que des variations de ces échanges peuvent exister et modifier cet équilibre (tel le volcanisme par exemple).
L'élève pourra alors constater que les flux naturels et anthropiques sont du même ordre de grandeur. Il sera à même d'établir le lien entre les données du **document 2** et celles du **document 3** et de les traduire schématiquement en s'inspirant de ce dernier.

2. Pistes de travail

En réalisant le bilan des échanges naturels entre l'atmosphère et les autres réservoirs à l'aide du **document 3**, on obtient une valeur nulle.
Cela conduit à l'idée que le taux de CO_2 atmosphérique devrait être stable au cours du temps.

Or le **document 2** montre, notamment grâce au graphique, que cela fut le cas jusqu'au XIXe siècle, à quelques variations près, mais que par la suite, on assiste à une augmentation exponentielle de ce taux.

Le **document 1** apporte les explications puisque l'on démontre que l'utilisation massive des énergies fossiles est à l'origine d'importants rejets de CO_2.

Il est possible de réaliser la somme des rejets par secteur d'activité et de montrer que les activités humaines rejettent globalement environ 36,4 $Gt{\cdot}an^{-1}$.

On précise que l'environnement (grâce à certains phénomènes illustrés par le **document 3**) réabsorbe environ un tiers de ces rejets. On a donc, par an, 24,2 Gt de CO_2 qui s'accumulent dans l'air et qui sont à l'origine de l'élévation du taux de dioxyde de carbone observé.

En relation avec le premier thème, s'il a été étudié, on peut établir que la conséquence immédiate de ces rejets est une intensification de l'effet de serre qui explique le réchauffement climatique.

Au niveau du schéma demandé, une grande liberté est laissée à l'élève, le choix le plus simple serait le suivant :

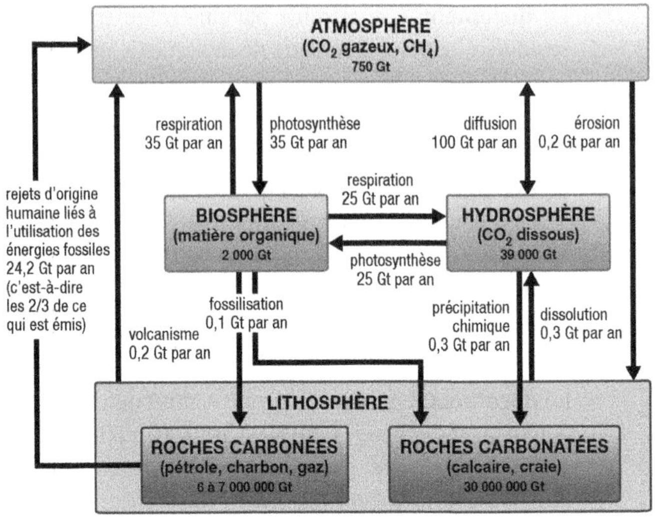

3. Ressources complémentaires

- Le site US de la NOAA pour une mine d'informations concernant le problème du CO_2 et pour télécharger les fichiers Excel des différents forages glaciaires (dont EPICA) : http://www.esrl.noaa.gov/gmd/infodata/faq_cat-3.html et http://www.ncdc.noaa.gov/paleo/icecore.html
- Modélisation du cycle du CO_2, utilisation du logiciel Stella, site de l'académie de Montpellier : http://svt.ac-montpellier.fr/spip/spip.php?article55
- Pour un point de vue global sur le réchauffement climatique : http://www.ademe.fr/sites/default/files/assets/documents/guide-changement-climatique.pdf
- Pour des informations sur l'ensemble des ressources énergétiques utilisées en France et dans le monde (pour cette partie : charbon, pétrole et gaz naturel), avec de nombreux aspects quantitatifs récents : http://www.planete-energies.com/

ACTIVITÉ 2 — L'énergie éolienne, une énergie d'origine solaire (p. 144-145)

Connaissances	Capacités et attitudes
L'énergie solaire est inégalement reçue à la surface de la planète. La photosynthèse en utilise moins de 1 %. Le reste chauffe l'air (par l'intermédiaire du sol) et l'eau (ce qui est à l'origine des vents et courants) et évapore l'eau (ce qui permet le cycle de l'eau). Utiliser l'énergie des vents, des courants marins, des barrages hydroélectriques, revient à utiliser indirectement de l'énergie solaire. Ces ressources énergétiques sont rapidement renouvelables.	Expérimenter, modéliser, extraire et exploiter des informations (documents météorologiques et/ou images satellitales et/ou documents océanographiques, etc.) et les mettre en relation pour comprendre l'effet de l'énergie solaire sur un exemple de circulation (atmosphérique ou hydrosphérique). Construire une argumentation (de nature manipulatoire et/ou documentaire) pour montrer l'inégale répartition de la quantité d'énergie solaire reçue selon la latitude et ses conséquences.

1. Les intentions pédagogiques

Cette activité a pour objectif, comme la suivante, de mettre en valeur les techniques de récupération de l'énergie des vents (**documents 1** et **2**) sans pour autant négliger la mise en évidence de l'origine solaire de cette ressource (**documents 3** et **4**).

Le **document 1** présente ainsi le développement des éoliennes au cours du temps. On constate ainsi qu'il existe un lien entre la taille d'une éolienne, la puissance produite et le nombre de personnes ainsi alimentées en électricité.
On observe également qu'au cours des années ces éoliennes voient leur productivité augmenter autant que leur dimension.
L'image choisie illustre bien le gigantisme (ainsi que le défi technologique) de ces installations.

En relation avec le **document 1**, le **document 2** démontre que l'Europe de l'ouest, dont la France, est une région propice à l'installation de ces équipements. La carte des principaux parcs éoliens français qui l'accompagne montre cependant que l'ensemble du potentiel éolien du territoire n'est pas encore exploité (Bassin aquitain, Normandie, Centre par exemple).

Le **document 3** a pour objectif de faire comprendre à l'élève l'origine des vents et d'établir un lien entre l'énergie solaire reçue et la mise en mouvement de l'atmosphère. Le mécanisme est simplifié, pour répondre aux exigences du programme officiel, il suffit en effet que l'élève comprenne que l'air chauffé s'élève et que cette élévation est à l'origine de mouvements horizontaux : les vents.

Une expérience de modélisation simple permet de mieux faire comprendre ce mécanisme : le courant ascendant généré dans la bouteille par la bougie provoquant, par aspiration, un courant horizontal venant de l'extérieur et traversant le tube. Ce courant est rendu visible par la fumée issue de la combustion du papier d'Arménie.

Le **document 4** permet de globaliser cette approche en montrant que les principaux vents de surface s'organisent autour de la ZCIT (zone de convergence intertropicale) puisque c'est bien à l'équateur que l'énergie reçue par la surface est maximale.
L'élève doit ici, de lui-même, établir la correspondance entre les vents qui figurent sur cette carte et le schéma de cellule de convection atmosphérique du document précédent.

2. Pistes de travail

Doc. 2 Le gisement éolien en Europe de l'ouest

On constate que les parcs éoliens français sont inégalement répartis sur le territoire et, qu'en particulier, certaines régions sont encore sous-exploitées (Bassin aquitain, Normandie, Centre).

Doc. 3 et Doc. 4

Les vents qui animent nos éoliennes sont des courants atmosphériques de surface qui résultent du déséquilibre de pression de l'air entre deux régions voisines : l'air s'écoulera ainsi des régions de haute pression vers les régions de basse pression.

Ces différences de pression sont provoquées par des différences de température, donc d'ensoleillement : l'air chaud ascendant génère en effet une zone de basse pression où seront attirés les vents.
L'énergie éolienne est donc bien à l'origine une énergie solaire.

3. Ressources complémentaires

- Des ressources sur le site de l'académie de Toulouse : http://pedagogie.ac-toulouse.fr/svt/serveur/lycee/perez/encens/encens.htm
- Pour des informations complémentaires et plus précises sur l'éolien : http://www.ademe.fr/sites/default/files/assets/documents/avis-ademe-eolien-08112013.pdf
- Pour des informations sur l'ensemble des ressources énergétiques utilisées en France et dans le monde (pour cette partie : l'énergie éolienne), avec de nombreux aspects quantitatifs récents : http://www.planete-energies.com/
- Le site Meteo éducation, une ressource incontournable : http://education.meteofrance.com/education/accueil et en particulier : http://education.meteofrance.fr/lycee/animations/utiliser-les-animations-en-classe/fiche-pedagogique-de-lanimation-la-circulation-generale-de-latmosphere

ACTIVITÉ 3 L'énergie hydroélectrique, une énergie d'origine solaire (p. 146-147)

Connaissances	Capacités et attitudes
L'énergie solaire est inégalement reçue à la surface de la planète. La photosynthèse en utilise moins de 1 %. Le reste chauffe l'air (par l'intermédiaire du sol) et l'eau (ce qui est à l'origine des vents et courants) et évapore l'eau (ce qui permet le cycle de l'eau). Utiliser l'énergie des vents, des courants marins, des barrages hydroélectriques, revient à utiliser indirectement de l'énergie solaire. Ces ressources énergétiques sont rapidement renouvelables.	Expérimenter, modéliser, extraire et exploiter des informations (documents météorologiques et/ou images satellitales et/ou documents océanographiques, etc.) et les mettre en relation pour comprendre l'effet de l'énergie solaire sur un exemple de circulation (atmosphérique ou hydrosphérique). Construire une argumentation (de nature manipulatoire et/ou documentaire) pour montrer l'inégale répartition de la quantité d'énergie solaire reçue selon la latitude et ses conséquences.

1. Les intentions pédagogiques

Comme pour l'activité précédente, on cherche ici à donner autant d'importance à la mise en évidence de l'origine solaire de l'énergie hydroélectrique (partie A) qu'aux moyens de la récupérer (partie B).

Le **document 1** traite de l'origine solaire de l'énergie hydroélectrique, en présentant le cycle de l'eau. L'élève retrouve ici le rôle de l'énergie solaire à l'origine de l'évaporation et, par voie de conséquence, du cycle de l'eau.
Ce document sera à mettre en relation avec le **document 3** qui s'intéresse aux barrages hydroélectriques.
L'élève peut donc établir le lien entre cycle de l'eau, écoulement gravitaire et récupération d'énergie au niveau des barrages.

Le **document 2** présente une carte de la circulation des courants océaniques de surface. Cette carte doit être utilisée avec le document 4 de l'activité précédente. En focalisant son attention sur la zone équatoriale, on peut s'apercevoir que l'orientation des principaux vents et celles des principaux courants marins de surface sont identiques, à ceci près que les continents contrarient, évidemment, leur trajectoire.

Il est donc aisé à partir de cette observation de comprendre que les vents sont à l'origine des courants marins de surface.
Ce faisant, on en déduit, grâce aux acquis de l'activité précédente, que ces courants sont, eux aussi, indirectement d'origine solaire.

Ce **document 2** est à mettre en relation avec le **document 4**, qui présente les hydroliennes. L'image choisie vise à montrer la taille de ces équipements, en comparant par exemple leur dimension à celle des hommes chargés de les mettre en place.
L'accent est mis sur l'énorme potentiel des hydroliennes mais aussi sur l'idée que leur production électrique peut être continue, au contraire des éoliennes.
Ces technologies sont encore pour la plupart à l'état de projets, bien que de nombreuses expérimentations existent.

2. Pistes de travail

On peut prendre comme exemples de productions les documents suivants :

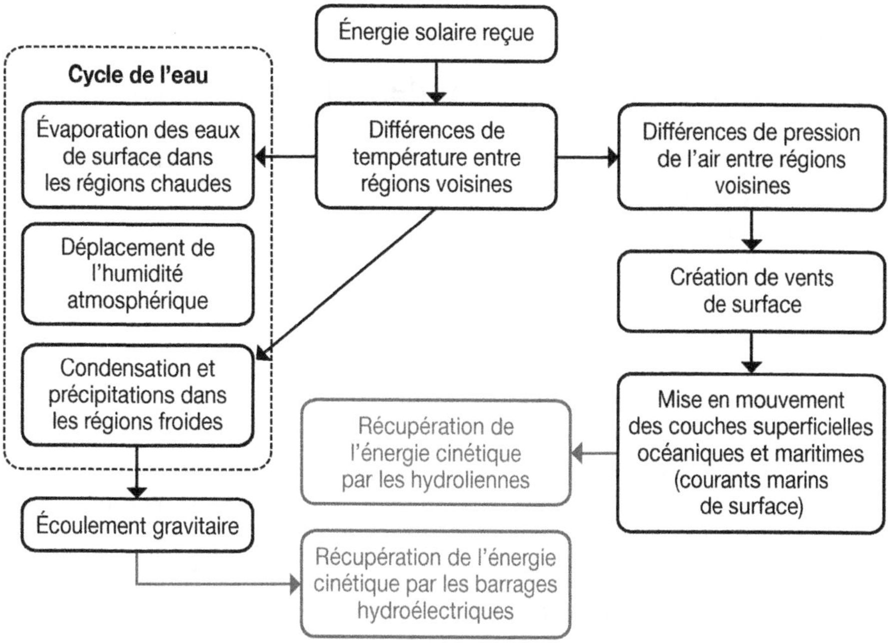

Tableau comparatif des avantages et inconvénients des technologies employées

Technologies	Avantages	Inconvénients
BARRAGES HYDROÉLECTRIQUES	– Ressource renouvelable – Rendement important – Forte production mondiale (représente 1,5 fois à l'échelle mondiale la production d'énergie nucléaire)	– Submersion en amont du barrage (conséquences environnementales et sociales) – Durée d'utilisation limitée dans le temps du fait de l'envasement du lac – Problème de réhabilitation ou d'entretien en fin de vie – Risque de rupture
HYDROLIENNES	– Ressource renouvelable – Potentiel important (équivalent de 14 centrales nucléaires en Europe) – Installation possible dans différents milieux océaniques ou continentaux	– Perturbation des environnements marins ou fluviaux – Difficultés de l'entretien en milieu marin

3. Ressources complémentaires

- La Terre planète océane sur le site educnet: http://www.educnet.education.fr/obter/appliped/ocean/theme/ocean42.htm
- Sur le site de l'académie de Poitiers des propositions d'activité: http://ww3.ac-poitiers.fr/svt/activite/texier/COUROCEA/index.htm.htm
- Étudier les courants marins avec Nasa World Wind, sur le site de l'académie de Montpellier: http://svt.ac-montpellier.fr/spip/spip.php?article122
- Énergies renouvelables et Google Earth (académie de Montpellier): http://svt.ac-montpellier.fr/spip/spip.php?article81
- Pour un cycle de l'eau animé: http://www.biologieenflash.net/animation.php?ref=geo-0012-2
- Pour une expérimentation d'hydrolienne fluviatile à Orléans: http://www.actu-environnement.com/ae/news/hydrolienne-loire-orleans-hydroquest-23296.php4

ACTIVITÉ 4

Quelles énergies pour demain? (p. 148-149)

Connaissances	Capacités et attitudes
La comparaison de l'énergie reçue par la planète et des besoins humains en énergie permet de discuter de la place actuelle ou future de ces différentes formes d'énergie d'origine solaire.	

1. Les intentions pédagogiques

L'objectif de cette double page est de présenter un panorama global de ce que devient l'énergie solaire reçue par la Terre, pour discuter de la place actuelle des ressources énergétiques que nous utilisons. Le défi énergétique apparaît de la confrontation de nos besoins sans cesse croissants à l'énergie que nous apporte le Soleil, de la disponibilité de cette énergie aux moyens existant pour la capter.

Le **document 1** met en relation les énergies reçues et réémises par la Terre.
L'élève est amené à voir que ce bilan est équilibré, ce qui arrive sur Terre est globalement restitué par réflexion et émission.

Le **document 2** nous informe sur la quantité d'énergie totale reçue du Soleil en une année, valeur à comparer aux données du **document 3**. Parallèlement, il montre que la quantité d'énergie solaire emmagasinée par les biomasses actuelle et fossile (comme vu dans les chapitres précédents) est négligeable par rapport à l'énergie reçue.

Le **document 3** focalise l'attention de l'élève sur les besoins énergétiques de l'humanité et leur évolution au cours du temps. Une comparaison chiffrée avec le document précédent s'impose: on mettra ainsi en évidence que nous recevons du Soleil chaque année environ 7 700 fois la quantité d'énergie dont nous avons besoin ! On pourra alors s'interroger sur les moyens mis en œuvre pour récupérer cette énergie.
L'augmentation de nos besoins énergétiques est évidemment à mettre en relation avec l'évolution de notre démographie (il est ici intéressant d'évaluer l'importance de la rupture de pente que révèle le graphique: sur les deux derniers siècles, nous avons

augmenté notre population environ 330 fois plus rapidement qu'au cours des 12 000 années précédentes !) mais aussi avec l'inégalité des dépenses énergétiques des individus de différentes régions du monde.
La notion de pénurie énergétique doit être dégagée afin de poser le problème des approvisionnements futurs en énergie.

Le **document 4** met l'accent sur les ressources énergétiques mondiales et permet de mettre en évidence le problème de l'épuisement des ressources non renouvelables (dont le nucléaire), majoritairement utilisées aujourd'hui, et de la sous-exploitation actuelle des énergies renouvelables.

2. Pistes de travail

On peut attendre de la part des élèves une production du type suivant pour le tableau comparatif :

	Besoins	Ressources	Différence
2010	0,5 ZJ	0,525 ZJ	0,025 ZJ
2100	1,4 ZJ	0,2056 ZJ	–1,1944 ZJ

En 2100 il faudra produire 1,1944 ZJ d'une autre façon qu'avec le gaz naturel, le pétrole ou le nucléaire dont les ressources seront épuisées. L'emploi d'autres formes d'énergie notamment renouvelables est donc un impératif.

3. Ressources complémentaires

- Pour des informations sur l'ensemble des ressources énergétiques utilisées en France et dans le monde avec de nombreux aspects quantitatifs récents : http://www.planete-energies.com/

Exercices

La correction des exercices 1 à 3 figure dans le manuel page 279.

Exercice 4 Besoins énergétiques et origine géographique

1. Réponse **c**.

2. Réponse **b**.

Exercice 5 Exercice guidé : Enquête sur le taux de CO_2 des atmosphères du passé

1. L'indice stomatique correspond au nombre de stomates d'une feuille par rapport au nombre de ses cellules épidermiques. D'après le **document 2**, plus l'indice stomatique d'une feuille est grand, plus le taux de CO_2 atmosphérique est faible ; plus l'indice stomatique est bas et plus le taux de CO_2 atmosphérique est grand. En d'autres termes, moins il y a de CO_2 dans l'air et plus il y a de stomates dans l'épiderme des feuilles. Le **document 1** montre que l'indice stomatique diminue entre 1860 et 2000 et que dans le même temps, le taux de CO_2 passe de 290 ppm à 355 ppm.
Pour connaître le taux de CO_2 d'une atmosphère passée, il convient donc de déterminer l'indice stomatique d'une feuille fossile.

2. Calcul du taux de CO_2 de différentes atmosphères passées :

Âge (en Ma)	Indice stomatique (en %)	Taux de CO_2 (en ppm)
–2,5	9,50	367
–6,5	16,20	280
–10,0	10,50	354
–55,0	8,29	383
–65,9	7,03	400

3. Calcul du taux actuel : environ 380 ppm. Ce taux est donc le plus important de l'histoire récente du globe mais il reste en deçà de taux historique tel celui du Crétacé. Notre planète se réchauffe mais elle reste encore dans une période globalement froide à l'échelle des temps géologiques. Au Crétacé, il n'y avait pas de glaces sur le globe…

Exercice 6 Un projet d'éolienne à couper le souffle !

1. On envisage d'implanter des éoliennes de très haute altitude car à 10 km, les vents, dits courants jets, sont trois fois plus forts et sont plus réguliers.

2. Ces éoliennes seraient susceptibles de fournir une énergie considérable, plus importante et surtout d'une manière beaucoup plus régulière que les éoliennes de basse altitude soumises aux caprices de la météo. Cette énergie est en outre une énergie complètement renouvelable. Cependant, les infrastructures sont coûteuses et ces éoliennes viennent en concurrence avec les transports aériens… !

Exercice 7 Vents et courants marins de surface

Les navigateurs savent depuis longtemps qu'il existe un parallélisme entre les courants marins et les vents dominants. On peut ainsi constater en comparant les cartes que les alizés poussent les eaux équatoriales vers les continents (voir au niveau de la Floride ou du Brésil). Un phénomène comparable est observable avec les vents d'ouest au niveau du Pacifique ou de l'Atlantique nord. La forme des continents et la force de Coriolis vient ensuite « perturber » cette circulation marine et dévier les courants parfois contre les vents (voir la naissance du Gulf Stream, par exemple).

Exercice 8 Des transferts de carbone entre l'air et l'eau

On attend tout ou partie des points suivants :

- L'élève doit choisir de débuter son expérience avec une eau bouillie.
- L'élève teste l'effet de la température sur la diffusion air-eau en plaçant une sonde à CO_2 dans l'air et une sonde à CO_2 dans l'eau d'un récipient à moitié plein. Il enrichit l'eau en CO_2 en soufflant puis il place le récipient sur une plaque chauffante et laisse augmenter la température (attention, elle est à surveiller, la plupart des sondes à CO_2 ne supportent pas plus de 40 °C).
- L'élève peut aussi choisir d'enrichir l'eau bouillie en CO_2 en soufflant dans le récipient puis de placer dans l'air des pastilles de potasse pour prélever le CO_2 de l'air et ainsi forcer la diffusion du CO_2 de l'eau vers l'air.
- Une communication des résultats (graphiques annotés par exemple) qui reprend bien les conditions expérimentales (indication des différents stades de l'expérience, chauffage, ajout de potasse…).

Des énergies renouvelables pour un écoquartier (p. 158-159)

Les intentions pédagogiques

Au cours des deux premiers chapitres du thème, l'élève a été sensibilisé au problème des ressources énergétiques et a pu découvrir ou compléter ses connaissances en matière d'énergies notamment renouvelables.
L'objectif de cette tâche complexe est de lui montrer un exemple de mise en application d'une politique de développement durable à une échelle locale à partir de l'exploitation de ressources renouvelables de proximité.
La réalisation de cette tâche complexe mobilise en outre quelques compétences mathématiques ainsi qu'une bonne compréhension de l'ensemble des valeurs chiffrées proposées.
Les raisonnements à présenter impliquent également une bonne rigueur dans l'organisation et la présentation de la réponse.
Enfin, plusieurs approches étant possibles, on peut envisager de répartir les travaux sur plusieurs groupes (certains peuvent ainsi travailler sur l'éolien, d'autres sur le solaire, d'autres encore sur la biomasse). On peut aussi proposer des combinaisons de ces différentes ressources.

Les documents

Le **document 1** présente la structure de l'écoquartier ainsi que les consommations énergétiques estimées en fonction de différents besoins. Une bonne compréhension de ce document est impérative. En particulier, l'élève doit comprendre qu'il doit faire des choix judicieux pour ce qui concerne la ressource à utiliser pour tel ou tel besoin. Les options choisies à ce niveau entraîneront des résultats différents.
D'emblée, l'exploitation des données nécessite ici quelques calculs (les besoins énergétiques réels s'obtiennent par le produit de la surface de chaque type de bâtiment par son besoin énergétique au m^2).

Le **document 2** présente le potentiel hydroélectrique du secteur dont l'élève s'apercevra rapidement qu'il est nul. Toutefois, dans une logique de projet, toutes les ressources doivent être envisagées.

Le **document 3** explique que la région dispose d'une solide filière bois (biomasse). Le tableau de données permet à l'élève de rapidement calculer le coût des installations pour ce quartier si cette ressource est retenue. De plus, il doit comprendre à ce niveau que cette ressource ne sert qu'au chauffage.

Le **document 4** explique que la région est particulièrement bien exposée au vent. En particulier, grâce au graphique, l'élève est à même de comprendre que la vitesse du vent dans ce secteur permet une production maximale d'électricité car les vents atteignent la vitesse requise (14 m·s^{-1}) 130 jours par an.
Plusieurs calculs sont, ici encore, nécessaires.
L'élève doit aussi intégrer le coût d'une installation grâce aux données fournies.

Enfin, le **document 5** montre le potentiel solaire du secteur (presque maximal) ainsi que quelques données relatives au coût d'une installation photovoltaïque.

Démarches possibles

Dans un premier temps, on peut calculer les besoins énergétiques totaux. D'après le **document 1**, cela donne :

$1\,842 \times 73 + 3\,272 \times 79 + 5\,500 \times 89 + 1\,000 \times 55 = 937\,454$ kWh pour un an.

On peut aussi calculer les besoins totaux selon les usages :

- Chauffage seul : $1\,842 \times 25 + 3\,272 \times 30 + 5\,500 \times 35 + 1\,000 \times 25 = 361\,710$ kWh pour un an.
- Eau chaude seule : $1\,842 \times 13 + 3\,272 \times 6 + 5\,500 \times 13 + 1\,000 \times 1 = 116\,078$ kWh pour un an.
- Chauffage seul et eau chaude que l'on peut regrouper car une même ressource peut fournir ces deux besoins (le bois notamment) : $361\,710 + 116\,078 = 477\,788$ kWh pour un an.
- Électricité seule : $937\,454 - 477\,788 = 459\,666$ kWh par an.

Pour la suite, on écarte immédiatement les ressources hydroélectriques inexistantes.

Production attendue

Utilisation des panneaux photovoltaïques

Dans la région on reçoit entre 1 620 et 1 760 kWh/m^2 par an, soit environ 1 690 kWh/m^2.

Les panneaux ont un rendement de 15 % ce qui veut dire qu'en un an, un m^2 de panneaux produira : $1\,690 \times \frac{15}{100} = 253{,}5$ kWh.

Pour les différents usages on peut donc calculer la surface de panneaux nécessaires et le coût :

Besoins	Surface	Coût	Commentaire
Total	$\frac{887\,954}{253{,}5} = 3\,502{,}7$ m^2	$3\,502{,}7 \times 1\,000 = 3{,}5$ millions d'€	Le budget est dépassé.
Chauffage seul	$\frac{361\,710}{253{,}5} = 1\,426{,}9$ m^2	$1\,426{,}9 \times 1\,000 = 1{,}426$ millions d'€	Toutes ces possibilités fonctionnent, il faut en choisir une et voir avec quoi on comble les besoins manquants.
Eau chaude seule	$\frac{116\,078}{253{,}5} = 457{,}9$ m^2	$457{,}9 \times 1\,000 = 457\,900$ €	
Chauffage et eau chaude	$\frac{477\,788}{253{,}5} = 1\,884{,}8$ m^2	$1\,884{,}8 \times 1\,000 = 1\,884\,800$ €	
Besoin électrique	$\frac{459\,666}{253{,}5} = 1\,813{,}2$ m^2	$1\,813{,}2 \times 1\,000 = 1\,813\,200$ €	

Utilisation de la biomasse

Pour la ressource bois, on peut s'en servir pour chauffer les bâtiments (mais non l'eau chaude sanitaire).

Soit un coût total de : $20 \times 10\,000 + 3 \times 50\,000 = 350\,000$ euros.

Il reste donc 2 500 000 – 350 000 = 2,15 millions d'euros de budget à comparer avec le coût d'installation photovoltaïque pour les besoins électriques et d'eau chaude : 1 813 200 + 457 900 = 2 271 100 euros.

Cette solution est trop juste budgétairement.

Utilisation de l'énergie éolienne

La région connaît un vent avec une moyenne supérieure à 14 $m \cdot s^{-1}$ pendant 130 jours, soit 130 × 24 = 3 120 heures de vent par an. D'après le graphique, la vitesse de ces vents est suffisante pour faire fonctionner les éoliennes à pleine puissance.

Or, on a calculé que le projet nécessite 937 454 kWh par an. La puissance du parc éolien à installer est donc de $\frac{937\,454}{3\,120} = 300{,}5$ kW.

Comme 1 kW éolien coûte environ 1 600 euros, cela représente un investissement de 1 600 × 300,5 = 480 745 euros.
Comme nous disposons d'une enveloppe budgétaire largement supérieure, l'installation d'une ou plusieurs éoliennes est donc la meilleure solution.

CHAPITRE 3

Nourrir l'humanité : un défi pour le XXIe siècle

ACTIVITÉ 1

Nourrir 9 milliards d'humains (p. 162-163)

Connaissances	Capacités et attitudes
Pour satisfaire les besoins alimentaires de l'humanité, l'Homme utilise à son profit la photosynthèse.	Modéliser, recenser, extraire et organiser des informations : – de façon à comparer la part de production de biomasse utilisée par l'Homme et le total de cette production ; – afin de comprendre comment l'Homme intervient sur les flux naturels de biomasse et les détourne partiellement à son profit.

1. Les intentions pédagogiques

Les activités proposées ont pour objectif de poser la problématique de l'alimentation humaine à l'échelle globale : bien que tous les humains ne mangent pas à leur faim, la production de nos aliments a déjà de lourdes conséquences environnementales. Comment concilier deux nécessités, deux urgences : la préservation des écosystèmes et la sécurité alimentaire des populations ? Au-delà de son objectif informatif, cette activité doit permettre aux élèves de comprendre la responsabilité humaine dans ces deux domaines, alimentaire et environnemental. Ce faisant, les élèves sont amenés à s'exercer à la lecture de graphes et de cartes, à la mise en relation de données graphiques de natures différentes, à la pratique de calculs simples.

Tout d'abord, grâce au **document 1**, on souligne le fait que tous nos aliments proviennent, directement ou non, de la photosynthèse. Cela reste vrai, qu'il s'agisse de produits végétaux ou animaux, que leur origine naturelle soit encore largement perceptible (fruits, légumes crus, viande…) ou masquée par des transformations complexes (pain, pâtes, fromage…). Manger, c'est donc prélever une part de la production primaire nette.

Le **document 2** présente l'évolution de la population mondiale, telle qu'elle est constatée jusqu'en 2015 (chiffres les plus récents à la date de parution du manuel) et telle qu'elle est projetée par les experts pour les 35 prochaines années. On constate que la croissance démographique devrait se poursuivre malgré une tendance vers un certain plafond : de ce seul fait, la demande alimentaire globale devrait donc augmenter. On peut ensuite préciser que cette croissance démographique devrait affecter principalement les pays en voie de développement, ainsi que les pays les moins développés.

La mise en relation de ces données démographiques avec l'évolution de la disponibilité alimentaire dans trois groupes de pays (**document 3**) doit permettre de comprendre l'ampleur du défi alimentaire : ce sont en effet les pays pauvres, dans lesquels la ration alimentaire est deux à trois fois moins importante que celle des pays riches, qui vont continuer à voir leur population augmenter au cours du XXIe siècle.

Les **documents 4** et **5** présentent deux conséquences environnementales de l'agriculture mondiale. La carte de l'appropriation humaine de la production primaire présente l'impact quantitatif et met en évidence la très forte hétérogénéité du niveau de prélèvement (entre 0 et 40 000 % ! Les valeurs > à 100 % ne doivent pas surprendre : elles signifient simplement qu'on importe alors plus de denrées qu'on en produit).

Les élèves pourront proposer des hypothèses explicatives, à partir de leurs connaissances géographiques, mais aussi en s'aidant des cartes situées dans l'activité 1 du premier chapitre et dans l'activité 3 du troisième chapitre de cette même partie.

À travers l'exemple de la déforestation en zone tropicale humide, le **document 5** fait le lien avec l'étude de la biodiversité menée dans la partie 1 (activité 2 du chapitre 4 et activité 2 du chapitre 5) et montre que l'agriculture actuelle constitue un facteur majeur d'appauvrissement des écosystèmes.

2. Pistes de travail

On observe grâce au **document 2** que la population mondiale ne cessera de croître dans les prochaines décennies, principalement du fait d'une forte démographie dans les pays en voie de développement et dans les pays les moins développés (alors que la démographie des pays développés semble stabilisée).

Or, on constate grâce au **document 3** que les pays en voie de développement et les pays les moins développés sont aussi les pays dont la disponibilité alimentaire par individu dans une journée est la plus faible ; c'est-à-dire que ces pays sont actuellement en situation de pénurie alimentaire (pour diverses raisons non évoquées ici).
On comprend donc qu'assurer les besoins alimentaires futurs de ces populations est un véritable défi.

Les données du **document 4** montrent que l'Homme prélève pour son alimentation une part importante de la production primaire, réalisée par les végétaux grâce à la photosynthèse.
On remarque d'ailleurs que pour certaines régions du monde (Inde par exemple) les prélèvements sont supérieurs à la production, ce qui implique une importation d'aliments venant d'autres territoires.
Les produits agricoles ne représentent pas la part la plus importante des prélèvements de l'Homme sur la production primaire : l'Homme utilise aussi comme ressource énergétique ou matérielle le bois, d'où le phénomène de déforestation qui porte gravement atteinte aux habitats et à la biodiversité, comme le montre le **document 5**.
Productions agricoles et exploitation du bois sont les causes principales de la déforestation et de la dégradation des écosystèmes.

3. Ressources complémentaires

- Situation des forêts du monde. Document FAO dressant un bilan détaillé de la ressource forestière mondiale : http://www.fao.org/docrep/003/X6954F/X6954F00.htm
- Agriculture et biodiversité. Expertise scientifique menée par l'INRA sur les relations entre l'agriculture et la biodiversité : http://www.inra.fr/l_institut/expertise/expertises_realisees/agriculture_et_biodiversite_rapport_d_expertise
- Banque de données statistiques de la FAO. Banque contenant des données sur la population, les terres et leur utilisation, l'eau, les produits agricoles, la sécurité alimentaire, etc., à différentes échelles géographiques et en séries temporelles : http://faostat.fao.org/default.aspx?lang=fr

- Appropriation Humaine de la Productivité Primaire Nette (en anglais). Références scientifiques sur le calcul du taux d'appropriation et cartothèque : http://sedac.ciesin.columbia.edu/data/collection/hanpp
- Comment nourrir le monde en 2050 ? (FAO). Documents de travail produits par la FAO dans le cadre du Sommet Mondial sur la Sécurité Alimentaire (2009) : http://www.fao.org/wsfs/forum2050/wsfs-background-documents/hlef-issues-briefs/fr/
- Agriculture mondiale : horizon 2030 (FAO). Ce rapport examine l'avenir de l'agriculture et de l'alimentation (pêches et forêts comprises) dans le monde jusqu'en 2015 et 2030 : http://www.fao.org/docrep/004/y3557f/y3557f00.htm

ACTIVITÉ 2 Eau et sols : deux ressources essentielles (p. 164-165)

Connaissances	Capacités et attitudes
Pour satisfaire les besoins alimentaires de l'humanité, l'Homme utilise à son profit la photosynthèse. L'agriculture a besoin pour cela de sols cultivables et d'eau.	Expérimenter, modéliser, extraire et exploiter des informations.

1. Les intentions pédagogiques

Cette activité a pour but de montrer l'importance primordiale de deux facteurs pour la production agricole : l'eau et le sol. On sait déjà que l'eau est indispensable à la croissance des plantes et on ne cherche pas à le démontrer. On met l'accent sur les effets de la quantité d'eau disponible, sur ses interactions avec le sol (capacités du sol à contenir de l'eau et à la mettre à la disposition des plantes). C'est l'occasion de montrer que tous les sols ne se valent pas. Leurs aptitudes agricoles diverses sont déclinées en terme de profondeur, de granulométrie, de teneur en matières organiques… sans que ces paramètres ne fassent l'objet d'une étude détaillée.

Ces objectifs cognitifs étant somme toute modestes, il est possible de travailler parallèlement une démarche d'investigation conduisant les élèves, individuellement ou par petits groupes, à concevoir et mettre en œuvre un protocole expérimental, à collecter des résultats, à les interpréter et les critiquer. Tel est l'objectif du **document 1**. Il fournit tout d'abord des pistes méthodologiques pour l'élaboration de protocoles expérimentaux visant à mettre en évidence les effets des facteurs sol et eau sur la productivité d'une culture. Il ne s'agit donc pas de faire appliquer des consignes, ou une recette mais de mettre les élèves en situation de recherche expérimentale autonome.

Bien entendu, l'ampleur de ce travail peut être fortement modulée. Selon les modalités choisies par le professeur, les élèves devront donc raisonner avec rigueur, manipuler, observer, mesurer, exprimer et exploiter des résultats, communiquer… Quelques résultats expérimentaux (sous forme de tableau et de photographies) sont fournis et donc directement exploitables. Ils montrent très simplement l'importance des caractéristiques du sol, en termes de profondeur et de teneur en matières organiques.

Ce travail mené en classe peut être confronté à celui, forcément plus approfondi et fiable, des chercheurs ayant expérimenté au champ. C'est l'objet du **document 2**. Le choix s'est porté sur une étude très précise menée par une équipe pluridisciplinaire de l'INRA, au cours de laquelle une cartographie très détaillée d'une parcelle a été dressée, permettant la mise en relation des caractéristiques du sol, de sa réserve en eau et de la productivité primaire nette. 95 sondages pédologiques ont été réalisés, selon un maillage visible sur la carte **a** (points a0 jusqu'à g14). Douze types de sols ont été identifiés et les contours de chaque unité de sol ont été tracés sur la carte. Les deux exemples de profils choisis ici (sols 1 et 2) présentent des caractéristiques contrastées qu'il est possible de rapprocher de celles qui ont été étudiées en classe. La carte **b** détaille sur une zone de cette même parcelle la teneur en eau au mois de janvier, mesurée par conductimétrie. Les contours pédologiques ont été reportés sur cette carte, ce qui fait clairement apparaître la relation qui existe entre la nature du sol et sa réserve en eau : le sol 1, argileux et profond, contient plus d'eau que le sol 2, sableux et superficiel. Enfin, la carte **c** présente les rendements en blé lors de la moisson 2003. Ces rendements extrêmement détaillés et précis ont été obtenus grâce à une moissonneuse équipée d'un système de positionnement par satellite couplé à un capteur mesurant toutes les cinq secondes la quantité de grains entrant dans la machine. Comme précédemment, les contours pédologiques ont été reportés et permettent de mettre en relation nature du sol, réserves en eau et productivité primaire.

2. Pistes de travail

Doc. 1 Des expériences simples pour montrer les rôles de l'eau et du sol

D'après les résultats présentés par ce document, on voit que plus la profondeur du sol est importante et plus la biomasse produite l'est également.
On observe aussi que la biomasse produite est plus importante encore si on utilise du terreau plutôt que du sable.
Or, on sait que le terreau retient mieux l'humidité que le sable.

On en déduit que pour obtenir une croissance optimale des plantes et donc une bonne productivité, il est nécessaire d'avoir un sol à la fois profond et à même de retenir de grandes quantités d'eau.

Doc. 2 Une étroite relation entre propriétés du sol et productivité primaire

Ces conclusions sont confirmées par l'étude du cas réel proposé par le **document 2**. On voit ainsi qu'une même parcelle peut présenter des sols différents d'une zone à l'autre tant en termes de nature du sol que de profondeur : le sol 1 (ex. : point f10 sur la carte **c**) présente ainsi une épaisseur plus forte que le sol 2 (ex. : point b4) et comporte plus de limon et d'argile que le second, plus riche en sables.

Ces différences se ressentent au niveau du rendement puisque le sol 1 présente un rendement situé globalement entre 70 et 90 kg/ha alors que le sol 2 se situe entre 40 et 70 kg/ha.
On peut donc dire que profondeur et nature du sol influencent véritablement le rendement agricole.

3. Ressources complémentaires

- Ouvrage de référence : *Agriculture de précision,* coordination éditoriale de Martine Guérif, Dominique King, collection « Update Sciences & Technologies », éditions Quæ, 2007.
- Pour diverses informations sur les sols, leur étude et leur exploitation en agriculture, un diaporama téléchargeable et commenté sur le site : http://www.svt.ac-versailles.fr/spip.php?article553

ACTIVITÉ 3

Des ressources limitées et inégalement réparties (p. 166-167)

Connaissances	Capacités et attitudes
L'agriculture a besoin de sols cultivables et d'eau : deux ressources très inégalement réparties à la surface de la planète, fragiles et disponibles en quantités limitées.	Modéliser, recenser, extraire et organiser des informations de façon à établir l'inégale répartition de ces deux ressources.

1. Les intentions pédagogiques

La nécessité de sols cultivables et d'eau en quantité suffisante étant établie, il s'agit à présent de montrer que ces deux ressources sont disponibles en quantité limitée et très inégalement réparties à la surface des continents. Du point de vue des capacités mises en œuvre, il s'agira ici d'exercer les élèves à la lecture de cartes lors d'une première approche à l'échelle mondiale et, dans un second temps, à la saisie et à l'organisation d'informations extraites de textes et de photographies pour une approche à l'échelle régionale.

Les cartes des **documents 1** et **2** sont issues de la banque de cartes de la FAO (GeoNetwork). La première carte permet de constater qu'il existe de très vastes régions sur les continents qui ne permettent pas la culture des céréales (qui constituent la base de nos régimes alimentaires) dans de bonnes conditions. On voit aussi que les céréales qui nous sont les plus familières (blé, riz…) ne peuvent être cultivées efficacement que dans des zones géographiques bien délimitées. Les données chiffrées qui accompagnent la carte permettent de quantifier, d'une façon globale et pour toutes les cultures, les terres cultivables et cultivées. On peut alors s'interroger sur les raisons pour lesquelles certaines terres sont incultivables. Le texte du **document 1** en indique les principales causes.

La carte du **document 2** indique le niveau d'aridité des diverses régions. On dit qu'une région est aride si les précipitations y sont très inférieures à l'évapotranspiration potentielle. Cette notion est en fait plus complexe, car il faut tenir compte du régime des précipitations – en milieu aride, celles-ci sont non seulement faibles, mais rares et irrégulières – et de ses rapports avec le régime thermique, l'insolation, les vents, le relief… Les cinq classes retenues ici font référence à l'indice d'aridité (IA) retenu par les Nations Unies : IA = P / ETP (P : pluviométrie annuelle ; ETP : évapotranspiration potentielle).

Hyper-aride	IA < 0,05
Aride	0,05 < IA < 0,20
Semi-aride	0,20 < IA < 0,50
Semi-humide	0,50 < IA < 0,65
Humide	0,65 < IA

Une lecture comparée des ceux cartes permet de constater une bonne correspondance entre les zones de culture des céréales et les zones de faible aridité (degrés 3, 4 et 5). Cela montre l'importance de la disponibilité en eau pour les cultures. La superposition n'est cependant pas parfaite et cela pourra faire l'objet de discussion avec les élèves : à l'évidence, d'autres facteurs interviennent.

Les **documents 3** et **4** doivent être abordés conjointement : ils permettent de comparer de façon très simple deux situations très contrastées quant à leurs ressources en eau et en sols.

2. Pistes de travail

On peut dans un premier temps calculer le pourcentage de terres cultivables puis le pourcentage de terres réellement cultivées :

- Pourcentage de terres cultivables $= \frac{\text{sols cultivables}}{\text{terres émergées}} = 4200 \times \frac{100}{13600} = 30{,}9\ \%$.

- Pourcentage de terres cultivables effectivement cultivées $= \frac{\text{sols cultivables}}{\text{terres émergées}} = 1600 \times \frac{100}{4200} = 38\ \%$.

On constate ainsi qu'il y a une sous-exploitation des terres cultivables.

La carte du **document 1** montre qu'une large part des terres émergées n'est pas adaptée à la culture des céréales : tout l'ouest de l'Amérique du Nord, le nord et le sud de l'Afrique, le centre de l'Asie et de l'Australie. Sur le **document 2**, on constate que ces régions correspondent à des climats arides ou hyper-arides. Au contraire, les zones favorables à la culture des céréales sont toutes semi-arides, semi-humides ou humides. De plus, les différents types de céréales ne peuvent pas être efficacement cultivés dans les mêmes régions. Le mil, par exemple, ne peut être correctement cultivé que dans une mince bande située au sud du Sahara (Sahel) et dans quelques autres sites (nord de la Chine, de l'Australie, du Brésil…). Or, la carte du **document 2** nous apprend que ces zones correspondent toutes à un climat semi-aride. Elles sont toutes situées en bordure de désert. Chaque type de céréales a ses propres besoins en eau et ne peut donc être cultivé efficacement que dans les zones climatiques où ces besoins peuvent être satisfaits.

Comparaison des conditions et pratiques agricoles en France et au Sahel :

	France	Sahel
Ressources en eau	• Abondantes (900 mm) • Régulièrement réparties sur l'année • Peu variables d'une année à l'autre	• Rares (400 mm) • Concentrées sous forme de quelques gros orages se produisant entre juin et septembre • Très variables d'une année sur l'autre, d'un lieu à l'autre
Ressources en sols	• Riches en matières organiques et éléments nutritifs • Intense activité biologique • Bonne capacité à retenir l'eau	• Très pauvres en matières organiques • Très sableux • Très faible capacité à retenir l'eau
Agriculture pratiquée	• Très productive • Très consommatrice d'engrais, de produits phytosanitaires, d'énergie et de travail	• Faiblement productive • Très peu consommatrice : pas d'engrais, pas d'irrigation ni de produits phytosanitaires, travail réduit au strict minimum

3. Ressources complémentaires

- Ressources en terres (FAO). Site de la FAO consacré à l'inventaire des ressources en terres, à leur utilisation, leur gestion, leur dégradation : http://www.fao.org/nr/land/lr-home/fr/
- GeoNetwork – Portail pour l'information géo-spatiale. Portail FAO donnant accès à des cartes interactives, des données, des images satellitales… : http://www.fao.org/geonetwork/srv/fr/main.home.
- Quelques données sur les causes de la dégradation des sols sous la forme d'un court résumé : http://ec.europa.eu/agriculture/envir/report/fr/inter_fr/report.htm

ACTIVITÉ 4

Agriculture, alimentation et énergie (p. 168-169)

Connaissances	Capacités et attitudes
La biomasse végétale produite par l'agriculture est une source de nourriture mais aussi une source de combustibles ou d'agrocarburants. Ces deux productions entrent en concurrence.	Comprendre la responsabilité humaine en matière d'environnement. Comprendre les éléments d'un débat. Manifester un intérêt pour la vie publique et les grands enjeux de la société à l'échelle planétaire.

1. Les intentions pédagogiques

Précédemment, on a mis en évidence l'importance de l'eau et des sols cultivables, ainsi que leur rareté relative et leur inégale répartition. Il s'agit à présent de montrer qu'avec ces ressources naturelles, on produit non seulement nos aliments mais aussi d'autres produits, dont des combustibles et des carburants. Il y a donc concurrence, à différents niveaux, entre les cultures alimentaires et les autres.

La concurrence s'exerce directement sur les ressources en eau et sols, comme le montrent les **documents 1** et **4** : le bois est un des combustibles les moins chers, ce qui favorise non seulement son exploitation mais aussi sa culture. De même, les cultures destinées à la production d'agrocarburants utilisent des terres et de l'eau qui étaient utilisées, ou pourraient être utilisées, pour la production d'aliments. Le **document 3** donne quant à lui un exemple de conséquence indirecte de cette concurrence : en limitant la production de denrées alimentaires ou en détournant une partie de ces denrées pour la fabrication d'agrocarburants ou de combustibles, on contribue à leur raréfaction et à l'augmentation du prix de ces matières premières.

Le **document 2** présente les principales filières actuelles de production des agrocarburants. L'intérêt est surtout d'introduire les élèves au débat sociétal sur l'opportunité de ces carburants. Le lien peut être fait avec l'activité 4 du chapitre 2 (Quelles énergies pour demain ?) et surtout avec les documents 1, 2 et 4.

2. Pistes de travail

Exemple de tableau récapitulatif des ressources végétales cultivées pour un usage énergétique :

<table>
<tr><th>Ressources végétales</th><th>Objectifs de production énergétique</th><th>Utilisation principale</th></tr>
<tr><td>Arbres</td><td>Bois de chauffage (bûches ou granulés)</td><td>Chauffage des habitations</td></tr>
<tr><td>Résidus (forestiers, agricoles ou issus de l'entretien des espaces verts)</td><td>Fabrication d'agrocarburants expérimentaux</td><td rowspan="3">Transport</td></tr>
<tr><td>Colza</td><td rowspan="2">Production d'agrocarburants pour véhicule diesel</td></tr>
<tr><td>Tournesol</td></tr>
</table>

Betterave	Production d'agrocarburants pour véhicule essence	Transport
Canne à sucre		
Blé		
Maïs		
Pomme de terre		

Pour ce qui est des avantages de l'exploitation de la production végétale comme ressource d'énergie, on peut voir que le bois de chauffe est un des combustibles les moins chers, comme le montre le graphe du **document 1** : le kWh produit à partir de bois déchiqueté est par exemple 3,5 fois moins cher que celui produit à partir de fioul. On sait aussi que la population mondiale ne cesse d'augmenter, ce qui augmente la demande énergétique et favorise la hausse des prix des carburants fossiles. Selon le **document 2**, cette hausse des prix des carburants fossiles ainsi que la lutte contre le réchauffement climatique favorisent le développement des agrocarburants.
En effet, on sait par ailleurs que l'utilisation de ces ressources, bien qu'elles émettent du dioxyde de carbone dans l'air, ne participe pas réellement à l'accentuation de l'effet de serre puisqu'il s'agit de dioxyde de carbone « actuel » par opposition à celui issu de la combustion des ressources fossiles qui, lui, vient s'ajouter au dioxyde de carbone actuel et accentue l'effet de serre.
D'autre part, on constate que les agrocarburants de seconde génération sont, pour certains, produits à partir de cultures non alimentaires. Ceux-ci n'entrent donc pas en concurrence avec les denrées alimentaires, ni sur le plan de la disponibilité, ni sur celui de leurs prix. D'autres sont produits à partir de résidus agricoles et forestiers. Ils présentent le même avantage et de plus n'utilisent aucune ressource en sol ou en eau spécifique : ils n'entrent donc pas en concurrence avec les cultures alimentaires pour ces deux ressources.
Ceci n'est malheureusement pas le cas pour les agrocarburants de première génération qui sont actuellement majoritaires. Leur production utilise en effet des terres et de l'eau qui pourraient servir à produire des aliments, ce qui fragilise la sécurité alimentaire des populations (raréfaction des denrées alimentaires et hausse des prix).
Enfin, on reproche aux cultures destinées aux agrocarburants d'être souvent réalisées au prix d'une déforestation intense, ce qui détruit des milieux naturels et a un impact très négatif sur la biodiversité. Le même constat peut être fait pour l'exploitation du bois qui n'est pas gérée correctement dans de nombreux pays du monde.

3. Ressources complémentaires

- Le passage du pétrole à la bioénergie n'est pas sans risque. Document de l'Union Européenne pointant les conséquences négatives du développement des agrocarburants : http://www.eea.europa.eu/fr/articles/si-la-bioenergie-decolle-2014-le-passage-du-petrole-a-la-bioenergie-nest-pas-sans-risque
- Les biocarburants (FAO). Perspectives, risques et opportunités des biocarburants : http://www.fao.org/docrep/011/i0100f/i0100f00.htm
- De nombreuses indications chiffrées récentes sur la production et la consommation d'agrocarburants dans le monde (pays par pays) : http://www.planete-energies.com/fr/medias/dossiers/qui-produit-et-qui-consomme-des-biocarburants?&xtmc=&xtnp=1&xtcr=1.
- L'institut français du Pétrole fait le point sur le contexte, les filières de production, la recherche et les perspectives de développement des agrocarburants : http://www.ifpenergiesnouvelles.fr

Exercices

La correction des exercices 1 à 4 figure dans le manuel page 280.

Exercice 5 Évaluer l'ampleur de la déforestation

Réponse **b.** : il s'agit du même site photographié à 10 ans d'intervalle et on voit bien une régression du couvert forestier.

Exercice 6 Déterminer l'humidité utile d'un sol

On attend :

- une utilisation minutieuse du matériel dans le respect du protocole. En particulier, un grand soin doit être apporté dans les pesées et les transferts d'échantillons. Le repérage des différentes fractions est aussi essentiel pour ne pas les confondre ;
- un calcul de pourcentage à partir des résultats de pesée obtenus ;
- une utilisation rigoureuse et précise du triangle des textures (en s'aidant si besoin de l'exemple figurant sur le triangle) ;
- une détermination correcte de la texture et de l'humidité utile du sol étudié ;
- une exploitation du tableau mise en relation avec les résultats expérimentaux montrant que l'humidité utile d'un sol dépend en partie de sa texture ;
- une mise en relation logique des différences de texture, d'humidité utile et de rendement.

Tâche complexe

Une reconversion possible pour des sols pollués? (p. 174-175)

Les intentions pédagogiques

Cette activité croise divers aspects abordés dans ce chapitre : nature et qualité des sols, mise en place d'une culture à visée énergétique. Le contexte est la récupération d'un sol perdu pour cause de pollution ; notons que cette notion sera reprise au chapitre suivant (activité 3). Il s'agit ici de relever les différentes exigences du *Miscanthus* et de vérifier si la plaine de Pierrelaye dispose d'un sol qui lui serait favorable.
On relève ainsi que cette culture exige entre 500 et 800 mm d'eau d'avril à novembre (**document 3**).

Or on constate que cette région présente un cumul pour cette période d'environ 505 mm (**document 2**) ce qui est donc à peine suffisant pour une productivité maximale.

Par ailleurs, la température moyenne doit être supérieure à 3,5 °C la première année (**document 3**) ce qui est le cas pour le mois d'avril (**document 2**), période de plantation. Le rendement sera maximal pour une température minimale de 8 °C (**document 3**) ce qui est largement réalisé dans cette région (température minimale supérieure ou égale à 10 °C de mai à octobre).

Le *Miscanthus* apprécie un sol profond, sableux et de pH compris entre 5,5 et 7,5 (**document 3**). Le sol de la plaine de Pierrelaye présente un pH de 7,4, une profondeur de 180 cm et une texture principalement sableuse sur toute son épaisseur (**document 1**). Ceci semble donc lui convenir.

Enfin, le *Miscanthus* présente d'intéressants débouchés en termes de combustibles pour la production de chaleur ou d'électricité et semble présenter également des capacités de dépollution des métaux lourds (**document 4**) intéressantes pour cette plaine. On peut donc résumer ces observations dans ce tableau récapitulatif des avantages et inconvénients à la reconversion de la plaine de Pierrelaye pour la culture du *Miscanthus* :

Avantages	Inconvénients
Sol favorable en termes de profondeurs, de pH et de nature	Nécessité de réaliser des apports en eau pour optimiser la production (irrigation)
Conditions de température suffisantes	
Possibilité de dépollution et de récupération future du sol en vue d'une production alimentaire actuellement impossible	
Culture rentable énergétiquement et économiquement	

CHAPITRE 4

Les sols, enveloppes vivantes et fragiles

ACTIVITÉ 1

La formation d'un sol (p. 178-179)

Connaissances	Capacités et attitudes
Un sol résulte d'une longue interaction entre les roches et la biosphère, conditionnée par la présence d'eau et la température.	Manipuler, recenser, extraire et organiser des informations si possible sur le terrain, pour : – comprendre la formation d'un exemple de sol ; – relier végétation, climat, nature de la roche mère et nature d'un exemple de sol.

1. Les intentions pédagogiques

L'objectif de ces pages est de montrer, sur la base d'un exemple local, comment se constitue un sol. On insiste sur la lenteur extrême du processus, afin d'aboutir à l'idée que, d'une façon générale, les sols ne sont pas des ressources renouvelables à l'échelle d'une vie humaine. La pédogenèse est ici étudiée de façon générale, sans entrer dans les processus aux échelles microscopiques ou moléculaires, qui seront l'objet des pages suivantes. On introduit simplement les grands facteurs de la formation du sol (climat, roche mère, végétation) et leurs interactions sont signalées. Les notions d'altération, d'humus et d'horizon sont abordées et seront reprises par la suite.
Les trois documents de ces pages traitent d'un même exemple, celui de la formation des sols sur les coulées basaltiques de l'île de la Réunion. L'intérêt pédagogique de ce site tient au fait que, depuis plus de 250 000 ans et jusqu'à aujourd'hui, le Piton de la Fournaise produit des coulées tout à fait comparables. En observant les sols présents sur des coulées d'âges différents, on peut avoir une idée de la façon dont se forme et évolue un sol sur une coulée quelconque.

Le **document 1** propose tout d'abord une image de l'île de la Réunion sur laquelle les coulées ont été distinguées en fonction de leurs tranches d'âge (superposition de cartes géologiques sur image Google Earth). On constate ainsi que les terrains sont d'âges très différents, chacun étant repéré par un code de couleur (celui-ci est repris sous la forme d'une bande colorée en bas et à gauche de chaque photographie des **documents 1** à **3**). Le texte et les photographies du **document 1** sont consacrés aux toutes premières étapes de la pédogenèse, c'est-à-dire aux premiers siècles suivant la mise en place de la coulée.

Les **documents 2** et **3** répondent à la même logique : on observe et on décrit le sol au cours de son évolution. Il convient d'insister sur les différences d'échelles de temps. Si 10 000 ans environ séparent les sols des **documents 1** et **2**, ceux des **documents 2** et **3** sont quant à eux séparés par plus de 200 000 ans. Précisons que la photographie du **document 3** a été prise sur les pentes du Piton des Neiges, édifice volcanique voisin du Piton de la Fournaise. Malgré sa localisation, l'illustration reste pertinente : le sol est bien développé sur une coulée basaltique d'âge comparable aux anciennes coulées de la Fournaise.

2. Pistes de travail

En ce qui concerne la frise chronologique on attend principalement:

– trois coupes schématiques de sol, avec un même niveau de surface et le respect d'une même échelle graduée en décimètres. Les horizons devront être bien délimités;
  → Première coupe: coulée âgée de 20 ans (roche mère R) subissant une altération sous l'effet de la pluie, l'air, les variations de température.
  → Seconde coupe: un sol âgé de 10000 ans constitué de la roche mère et de l'horizon d'altération (C).
  → Troisième coupe: un sol âgé de 250000 ans constitué de la roche mère, de l'horizon C, l'horizon B et l'horizon A (horizon humifère).
– la représentation sous forme de flèches de l'altération de la roche mère sous l'effet du climat, et de la formation d'humus;
– une légende des horizons et un titre explicatif;
– une échelle des temps sous la forme d'un axe gradué;
– une disposition pertinente des trois schémas le long de l'axe des temps.

Le texte explicatif doit insister sur le temps nécessaire pour former un sol cultivable à partir d'une roche mère, sol résultant de la lente interaction entre l'altération de la roche mère et la formation de l'humus. Ce temps de formation doit être comparé à la durée d'une vie humaine.

On a constaté avec cet exemple que des milliers d'années sont nécessaires pour passer d'une roche nue à un sol cultivable. À l'échelle d'une vie humaine, on peut donc affirmer que ce sol n'est pas une ressource renouvelable. D'autres exemples comparables montreraient que c'est également le cas pour l'ensemble des sols cultivables.

3. Ressources complémentaires

- Groupement d'Intérêt Scientifique Sol (GIS Sol). GIS Sol constitue et gère un système d'information sur les sols de France, par rapport à leur distribution spatiale, leurs propriétés et l'évolution de leurs qualités: http://www.gissol.fr/index.php
- Association Française pour l'Étude du Sol (AFES). Site associatif contenant entre autres une banque de photos et descriptions de sols: http://www.afes.fr/
- Les sols, des milieux vivants très fragiles (IRD). Document très complet sur la nature des sols, leurs fonctions, les dégradations, la gestion durable, etc.: http://www.mpl.ird.fr/suds-en-ligne/sols/index.html

ACTIVITÉ 2 Les facteurs essentiels de la formation d'un sol (p. 180-181)

Connaissances	Capacités et attitudes
Un sol résulte d'une longue interaction entre les roches et la biosphère, conditionnée par la présence d'eau et la température.	Manipuler, recenser, extraire et organiser des informations, si possible sur le terrain, pour: – comprendre la formation d'un exemple de sol; – relier végétation, climat, nature de la roche mère et nature d'un exemple de sol.

1. Les intentions pédagogiques

Les grandes lignes de la formation d'un sol ayant étant dressées dans l'activité précédente, on étudie ici plus en détail les principaux facteurs de la pédogenèse et leurs interactions. On précise la notion d'altération, on identifie l'origine de la matière organique et ses interactions avec les fractions minérales (figurées ou dissoutes) et avec l'eau. On montre ainsi l'importance de l'humus dans les propriétés des sols, particulièrement dans leur fertilité. Ces activités peuvent être rendues plus concrètes grâce à des manipulations, observations et expériences simples réalisables en classe.

Les **documents 1** et **2** sont consacrés aux processus physico-chimiques de transformation de la roche mère en sol. Bien que l'accent soit mis sur les facteurs climatiques (phénomène d'hydrolyse, gélifraction), le rôle des êtres vivants dans ces processus est aussi abordé. Par ailleurs, on distingue les processus mécaniques (dégradations physiques) et chimiques (altération chimique).

Dans le **document 1** consacré aux dégradations physiques, on s'appuie sur un exemple de sol développé à partir d'une roche calcaire. On observe la roche mère, et dans le sol sus-jacent, des fragments de cette même roche. S'agissant de calcaire, le test à l'acide chlorhydrique permet de confirmer que les fragments rocheux observés dans le sol sont bien de même nature que la roche mère. Cette activité peut donner lieu à des observations et manipulations simples, sur des échantillons de sols développés sur différentes roches mères.

Le **document 2** reprend la notion d'altération chimique déjà abordée précédemment, en la plaçant cette fois à l'échelle minéralogique et chimique. On évoque le processus d'hydrolyse, illustré par l'observation de minéraux argileux (kaolinite) se formant à partir d'un cristal de mica blanc (muscovite). Pour information, l'équation bilan de cette hydrolyse est la suivante :

$$\underbrace{4\,(KAl_2\,AlSi_3O_{10}(OH)_2)}_{\text{Mica}} + 4\,H_2CO_3 + 6\,H_2O \rightarrow \underbrace{3\,(Al_4Si_4O_{10}(OH)_8)}_{\text{Argile}} + 4\,K^+ + 4\,HCO_3^-$$

Outre la transformation des minéraux de la roche mère, cet exemple d'équation bilan illustre aussi la libération d'ions minéraux, dont on peut rappeler l'utilité dans la croissance des plantes.

Du point de vue des capacités, notons que cette activité peut être l'occasion d'une première initiation à l'utilisation du microscope polarisant.

Après avoir précisé l'origine de la matière organique des sols, le **document 3** présente sous la forme d'un schéma simple la notion de complexe argilo-humique. Le rôle de ce complexe dans la rétention des ions positifs est ainsi présenté et fait ensuite l'objet d'une démonstration expérimentale (expérience 2). Cette expérience peut être facilement reproduite en classe. On pourra à cette occasion demander aux élèves de concevoir et de mettre en œuvre une ou plusieurs expériences témoins. L'expérience 1 fonctionne sur le même principe mais il s'agit ici de démontrer le rôle de l'humus dans la capacité du sol à retenir l'eau (humidité utile). On peut faire le lien entre cette expérience et celle de la page 164, ainsi qu'avec l'exercice 6, p. 173.

Le rôle des êtres vivants du sol, déjà envisagé au Collège, peut faire l'objet d'une approche expérimentale, ici proposée en exercice d'évaluation (exercice 9, p. 193).

2. Pistes de travail

Doc. 1 Des observations qui montrent la dégradation physique de la roche mère

Ce document permet de monter que les facteurs climatiques et l'installation des êtres vivants pionniers participent à l'altération physique de la roche mère.

Le sol photographié présente deux horizons d'épaisseurs sensiblement égales, sans limites bien nettes entre eux : près de la surface, un horizon humifère (couleur brun sombre) dans lequel on observe de nombreuses racines et des débris végétaux. En dessous, un horizon d'altération brun plus clair contenant encore des racines et surtout de nombreux fragments rocheux très clairs. Le test à l'acide prouve qu'il s'agit de calcaire : ces fragments sont de même nature que la roche située sous le sol, il est très probable qu'ils en soient issus.

Doc. 2 Observation microscopique révélant l'altération chimique de la roche mère

Le but de cette observation est de montrer qu'il existe aussi une altération chimique. On observe sur le granite issu d'un sol que des minéraux comme les micas ont subi une altération avec apparition d'argiles. Cette transformation des micas en argile résulte de l'hydrolyse des minéraux, due à la présence de CO_2 dissous dans l'eau de pluie ou sécrété par les racines.

Ainsi, les phénomènes physiques et chimiques sont associés étroitement et s'amplifient mutuellement. La fissuration et l'altération de la roche facilite la circulation de l'eau et libère des ions favorisant l'installation et la nutrition des plantes. À leur tour les racines provoquent la fracturation de la roche mère et participent à l'hydrolyse des minéraux.

Doc. 3 L'importance de la matière organique pour la stabilité et la fertilité d'un sol

Les expériences proposées montrent l'importance de l'humus dans la fertilité des sols.

Expérience 1 :
On verse sur deux échantillons de terre ayant le même volume, une même quantité d'eau. Dans un des deux échantillons l'humus a été détruit.

On recueille davantage d'eau dans le cas du sol privé d'humus par rapport au témoin, riche en humus. On en déduit que l'humus permet une meilleure rétention de l'eau dans le sol (il augmente l'humidité utile).

Expérience 2 :
On verse sur une terre riche en humus une solution d'ions négatifs colorée en rouge. L'eau recueillie est de couleur rouge. On en déduit que l'humus ne retient pas les ions négatifs.

Lorsque l'expérience est renouvelée avec une solution contenant des ions positifs colorée en bleu, l'eau recueillie non colorée ne contient plus d'ions positifs. On en déduit que l'humus retient les ions positifs.

En augmentant l'humidité utile du sol, ainsi que sa capacité à retenir les ions positifs, l'humus contribue à la fertilité du sol. En s'associant aux particules d'argile par l'intermédiaire des ions positifs, l'humus contribue à stabiliser les particules fines du sol.

3. Ressources complémentaires

- L'altération des roches (Faculté des Géosciences et de l'Environnement - Université de Lausanne). Inventaire des grands types d'altération (pour les enseignants) : http://objectif-terre.unil.ch/index.php?id=2802&L

ACTIVITÉ 3

Les sols, ressources menacées (p. 182-183)

Connaissances	Capacités et attitudes
Le sol est lent à se former, inégalement réparti à la surface de la planète, facilement dégradé et souvent détourné de sa fonction biologique. Sa gestion est un enjeu majeur pour l'humanité.	Manipuler, recenser, extraire et organiser des informations. Comprendre la responsabilité humaine en matière d'environnement.

1. Les intentions pédagogiques

On a montré précédemment comment se forme un sol, phénomène très long et très complexe. Le caractère non renouvelable des sols est donc bien établi. Il s'agit à présent d'en montrer la fragilité et d'identifier les principales menaces qui pèsent sur eux.

On distinguera les destructions de sols, phénomènes irréversibles, très rapides, le plus souvent intentionnels et les dégradations de sols, phénomènes dans une large mesure réversibles, lents, involontaires.

Pour la majorité des élèves, destructions et dégradations de sols passent le plus souvent inaperçues. Ces activités doivent donc permettre aux élèves de prendre conscience de notre responsabilité dans la détérioration de cette ressource vitale.

Outre l'analyse de documents, des modélisations simples peuvent être menées sur ce thème.

Le **document 1** présente quelques causes de destruction des sols et dresse un bilan quantitatif aux échelles mondiale et française. Il est à noter que des données comparables peuvent être consultées à des échelles régionales, départementales, cantonales et même communales (voir p. 111 « Ressources complémentaires »). Cela peut être le moyen d'une prise de conscience encore plus forte car ancrée dans l'environnement immédiat des élèves.

Les **documents 2** à **4** présentent trois causes de dégradation des sols, toutes liées aux pratiques agricoles les plus courantes dans les pays développés. Ainsi, le **document 2** montre que l'érosion hydrique est largement favorisée par l'absence de couverture végétale : c'est la situation la plus fréquente des sols arables français qui peuvent rester nus pendant plusieurs mois par an (entre le labour estival et la levée printanière). On pourra faire le lien avec le document 3, p. 185.

Le rôle des lombrics et leur importance dans la structuration et le fonctionnement du sol sont abordés dans le **document 3**, ainsi que les causes de régression de leurs populations. On pourra à cette occasion faire le lien avec le **document 4** qui traite du problème de la compaction liée au passage des engins agricoles. En effet, les lombrics sont des agents décompactants. On pourra aussi faire le lien avec le document 4 de la page 185.

2. Pistes de travail

Doc. 1 500 ans pour former 5 cm de sol… 5 minutes pour le détruire

Sur la première photographie, on observe des zones où le sol conserve ses fonctions biologiques : terres arables, cultures permanentes (sylviculture), prairies, milieux à végétation arbustive (haies, bosquets…). On observe aussi des zones où le sol est artificialisé, perdant une partie ou la totalité de ses fonctions biologiques : routes et emprises de routes (échangeur), zones pavillonnaires, zones commerciales et industrielles.

D'après le graphique, ces zones commerciales et industrielles sont justement la principale cause de disparition des sols en France.

Doc. 2 L'érosion hydrique

Dans cette expérience, l'hypothèse testée est que la végétation et l'humidité réduisent l'érosion hydrique des sols et donc leur dégradation.

On arrose trois récipients inclinés contenant un sol nu sec, un sol nu humide et un sol enherbé. Si notre hypothèse est vérifiée, on devrait recueillir un volume d'eau plus faible et moins chargé en particules pour le sol enherbé.

On observe que la quantité d'eau et de particules fines qui sortent du récipient incliné est maximale lorsque le sol est nu et sec, moindre lorsque le sol nu est humide, et encore plus faible si le sol est enherbé. L'érosion hydrique est donc favorisée par l'absence de couverture végétale ainsi que par la sécheresse du sol.

Doc. 3 La baisse de l'activité biologique

Le labourage profond ainsi que l'utilisation de produits anti-limaces sont à l'origine de la diminution de la population de lombrics ayant un rôle essentiel dans la fertilité d'un sol (mélange, aération et drainage).

Doc. 4 La compaction et ses effets

Dans cette expérience, on veut vérifier si la compaction du sol par les tracteurs modernes modifie la porosité et donc la perméabilité d'un sol. On mesure la variation de la porosité et de la perméabilité sur trois échantillons ayant subi une compaction différente. Si notre hypothèse est vérifiée, on devrait observer une diminution de la porosité et donc de la perméabilité du sol avec la compaction.

Lorsque la compaction augmente, on observe une diminution de la porosité et donc de la perméabilité du sol. La compaction accentue ainsi l'érosion hydrique.
Ce document peut être mis en relation avec les documents 3 et 4, p. 185.

Voici un exemple de tableau que l'on peut faire construire par les élèves :

Principales causes et conséquences de la dégradation des sols

Causes de destruction et de dégradation des sols	Conséquences
– Augmentation des surfaces artificialisées comme l'installation de zones urbanisées, zones industrielles ou commerciales, mines, décharges, chantiers… (Doc. 1) – Pollution industrielle (Doc. 1)	Destruction des sols avec perte des fonctions biologiques → absence de végétation
– Déforestation et désherbage à l'origine d'une érosion hydrique (particules du sol entraînées par les eaux de ruissellement) (Doc. 2) – Destruction des lombrics par les anti-limaces et les labourages profonds (Doc. 3) – Compaction des sols par les tracteurs modernes entraînant une diminution de la porosité et de la perméabilité du sol (Doc. 4) et augmentant l'érosion hydrique	Dégradation des sols avec une diminution de leur fertilité → perturbation de la croissance des plantes

Le tableau doit présenter un titre précis, être complet sans erreur. Le tableau est soigné, les lignes et/ou les colonnes doivent être nommées.

3. Ressources complémentaires

- Cartographie interactive Géoïdd France. Outil de cartographie interactive d'indicateurs statistiques et de données géographiques à l'échelle de la France (occupation du sol, érosion, biodiversité…) : http://www.statistiques.developpement-durable.gouv.fr/cartographie/ar/cartographie-interactive-geoidd-france.html
- Agriculture de conservation. Le portail des agricultures écologiquement intensives : http://www.agriculture-de-conservation.com/

ACTIVITÉ 4 Vers une gestion durable des sols (p. 184-185)

Connaissances	Capacités et attitudes
Le sol est lent à se former, inégalement réparti à la surface de la planète, facilement dégradé et souvent détourné de sa fonction biologique. Sa gestion est un enjeu majeur pour l'humanité.	Manipuler, recenser, extraire et organiser des informations. Comprendre la responsabilité humaine en matière d'environnement.

1. Les intentions pédagogiques

Au cours des activités précédentes, on a pu constater l'importance des sols, leur caractère non renouvelable et leur grande fragilité. L'objectif est à présent double : dans un premier temps, on montrera à partir d'un exemple régional à quoi peut conduire le processus de dégradation des sols, c'est-à-dire la transformation de sols fertiles en désert. Dans un second temps, on présentera de façon succincte des travaux de recherche agronomique visant à tester l'impact de différentes techniques agricoles sur l'érosion hydrique et sur l'activité biologique des sols, dont on a vu préalablement l'importance en terme de fertilité. Ces activités viseront à faire comprendre aux élèves qu'au-delà de notre responsabilité dans la détérioration de la ressource « sols », des alternatives sont possibles, qu'il est très important et très urgent d'aller vers une gestion durable des sols cultivables de la planète.

Le **document 1** est consacré à la désertification qui touche le nord de la Chine. Même s'il s'agit d'un exemple lointain, il est suffisamment spectaculaire dans ses causes, sa rapidité et son ampleur pour constituer une référence dans l'esprit des élèves. De plus, dans la perspective de « nourrir l'humanité », le cas de la Chine est évidemment un enjeu majeur. On pourra élargir l'étude de ce document sur le thème de la sécurité alimentaire, en relation avec les activités des pages 162 et 163. Avec le **document 2**, on aborde un autre aspect de la désertification. Est-il possible de l'arrêter, avec quels moyens et à quel prix ? On constate que si les moyens mis en œuvre sont dans le cas chinois très ambitieux et souvent drastiques, si le coût financier et humain est très élevé, les résultats ne sont pas pour autant assurés. On aboutit à l'idée qu'une gestion durable des sols est nécessaire afin d'éviter d'arriver à cette situation de détérioration extrême, qui peut devenir irréversible.

Les **documents 3** et **4** sont tirés d'études récentes menées par différents laboratoires de l'INRA. Les protocoles expérimentaux sont décrits, ainsi que les principaux résultats. Les élèves sont donc amenés à exploiter ces résultats. C'est l'occasion pour eux de comprendre l'intérêt de la recherche agronomique et de percevoir le lien entre sciences et techniques. Il paraît important également de faire le lien entre les techniques agricoles, qui font partie du quotidien de nos zones rurales, et les conséquences négatives ou positives qu'elles peuvent avoir sur notre environnement. Ces documents présentent aussi l'intérêt de montrer la complexité de ce type de problématique. On voit en effet qu'interviennent de nombreux facteurs : le type de culture (annuelle ou permanente), la pente, le type de sol, le climat, le type de travail du sol, le mode de gestion des plantes adventices, de la fertilisation, des résidus de récolte…

2. Pistes de travail

La lettre au Secrétaire Général des Nations Unis présentera une introduction, une conclusion, des paragraphes développant chacun une idée. Des connecteurs et des phrases de transition reliant des différentes idées sont attendus. Le développement s'articulera autour de trois idées : la désertification des sols en Chine et ses conséquences, les mesures de grande ampleur prises par la Chine pour lutter contre la désertification avec des résultats incertains, la nécessité de la mise en œuvre de mesures qui permettraient une gestion durable des sols.

Doc. 1 La Chine voit disparaître ses terres cultivables

Depuis 60 ans, il y a surpopulation au nord et à l'ouest de la Chine.

Le surpâturage et la déforestation, visant à augmenter la surface des sols cultivables, entraînent une érosion hydrique, un pompage excessif d'eau dans les rivières et les nappes phréatiques pour répondre aux besoins d'une population croissante.

Ceci a pour conséquence un assèchement et une dégradation des sols, ainsi que la formation de dunes menaçantes à partir des particules arrachées au sol, et donc une désertification de ces régions.

Doc. 2 Des mesures de grande ampleur sont prises pour freiner la désertification

La « grande barrière verte » a pour but de compenser la déforestation massive et ses conséquences (érosion éolienne, perte de fertilité).
Le déplacement de population, l'interdiction totale du pâturage et la promotion de la stabulation fermée visent à freiner la surexploitation des pâturages, afin que l'herbe puisse se réinstaller, et donc à lutter contre l'érosion éolienne.
Ces trois mesures ont aussi pour but de retrouver des niveaux d'eau dans les nappes et rivières suffisamment élevés pour que la végétation (et en particulier les arbres) puisse en bénéficier.
On peut ici insister sur le fait que ces mesures ont un coût financier et humain très élevé avec des résultats incertains d'où la nécessité d'une gestion durable des sols.

Doc. 3 et Doc. 4

Des mesures permettent de lutter contre l'érosion des sols (référence aux expérimentations effectuées par l'INRA).
Des mesures permettent également de préserver l'activité biologique du sol (référence aux expériences du **document 4**).
Un travail du sol superficiel, un sol couvert de végétation en permanence, une absence d'apport de pesticides et d'engrais chimiques permettent de préserver l'activité biologique du sol, de limiter l'érosion hydrique, de favoriser sa perméabilité à l'eau, et donc sa fertilité.

3. Ressources complémentaires

- Ouvrage de référence : *Gestion durable des sols,* coordination éditoriale de Laëtitia Citeau, Antonio Bispo, Marion Bardy, Dominique King, collection « Savoir faire », éditions Quæ, 2008.
- Vidéo : *Le train de la désertification* (France 5). En empruntant ce « Train de la désertification » nous découvrons l'une des plus grandes catastrophes écologiques mondiales (vidéo interactive, 12 minutes) : http://www.france5.fr/portraits-d-un-nouveau-monde/#/theme/chine/le-train-de-la-desertification/
- *Les fermes urbaines* (Le Monde.fr). Quand l'architecture urbaine se préoccupe de gestion durable des sols : http://publi.lemonde.fr/intel-innovation/fermes-urbaines.html
- La Chine au bord du gouffre, la désertification gagne du terrain (revue *Vertigo*). Article traitant de la désertification en Chine (causes, effets et solutions) : http://vertigo.revues.org/5327

Exercices

La correction des exercices 1 à 4 figure dans le manuel page 280.

Exercice 5 La terre des ville et la terre des champs

1. Réponse **c.**

2. Réponse **d.**

Exercice 6 Exercice guidé : Dans le désert, un sol particulier

La formation des sols repose d'une façon générale sur l'interaction de facteurs climatiques, biologiques et géologiques. Dans le cas étudié ici, le sol résulte presque uniquement de l'altération de la roche mère sous l'effet des facteurs climatiques (altération forte dans l'horizon S, plus limitée dans l'horizon C).

La nature de la roche n'est pas connue, mais on observe une pente assez forte. On voit d'ailleurs que là où la pente est plus faible, le sol est entièrement recouvert de sable (bas-fonds). Concernant le climat, il est extrêmement aride : précipitations très faibles et concentrées sur un seul mois de l'année, températures très élevées, vents violents fréquents. La végétation ne se développe dans ces conditions que très brièvement lors des rares pluies : la photographie nous montre un paysage entièrement minéral. Les versants sont recouverts d'une mince pellicule de cailloux (reg) : la roche mère est soumise à d'intenses variations thermiques nycthémérales, ce qui la fait éclater, et produit des fragments de toutes tailles. Les plus gros d'entre eux continuent à se fracturer, tandis que les plus fins sont exportés par les vents violents et vont s'accumuler dans les bas-fonds (sables) voire beaucoup plus loin encore (limons, argiles). La pellicule de cailloux ainsi formée limite l'érosion de la roche altérée située en dessous, qui peut alors évoluer en sol. Celui-ci est pratiquement dépourvu de matières organiques, ce qui s'explique simplement par les conditions climatiques extrêmes, incompatibles avec le développement de la végétation.

Exercice 7 Des transferts de matières se produisent dans les sols

Schéma d'un podzol et des transferts de matière entre ses horizons.

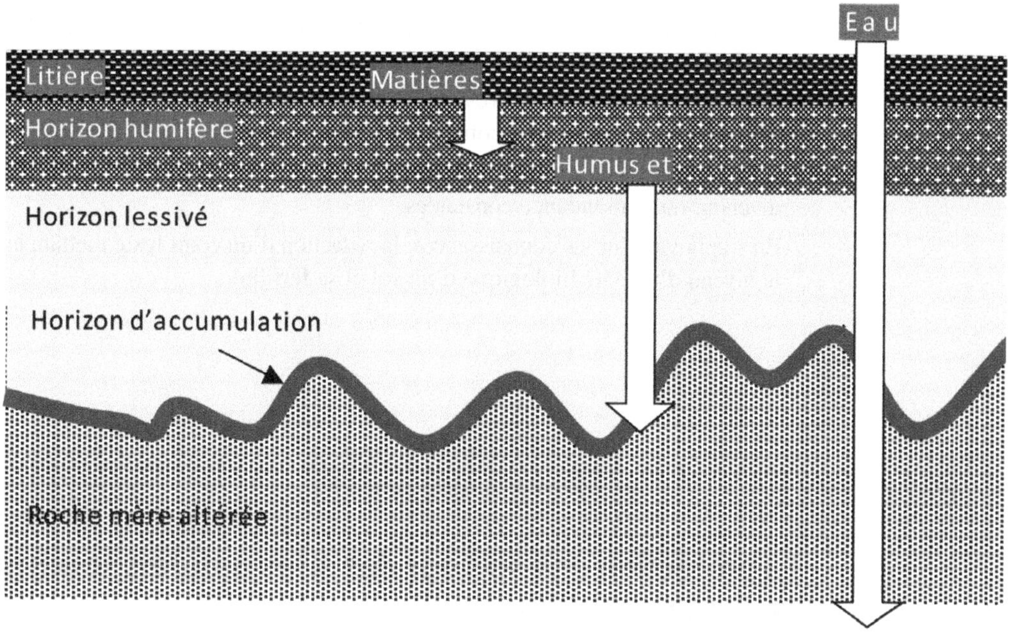

Exercice 8 Les sols et le changement climatique

1. Le Pas-de-Calais, le Nord, la Somme, le Morbihan ou la Charente sont des départements qui connaissent une diminution de la teneur en carbone de leurs sols. Ce carbone est renvoyé vers l'atmosphère sous forme de CO_2 et contribue au réchauffement climatique mondial. Inversement, des départements comme les Côtes d'Armor, la Seine-et-Marne ou l'Eure-et-Loir voient globalement leurs stocks de carbone augmenter dans les sols. Cette tendance au stockage du carbone tend à extraire du CO_2 de l'atmosphère et contribue donc à limiter le réchauffement climatique mondial.

2. Le graphique « Évolutions du stock de carbone dans le sol associées aux changements d'usage des terres » indique que la conversion de prairies ou de forêts en cultures se solde au cours des soixante années suivantes par une diminution de 20 à 30 tonnes de carbone par hectare de sol. Au contraire, la conversion de cultures en forêts ou prairies se solde par une augmentation lente (elle s'étale sur plus d'un siècle) du stock de carbone, comprise entre 20 et 30 tonnes de carbone par hectare de sol. De ce point de vue, il conviendrait donc de favoriser la conversion de sols actuellement cultivés en prairies ou forêts. Le graphique « Effet du labour classique et de l'absence de labour sur la teneur en matière organique dans le sol » indique que le labour classique se solde par une teneur en matière organique dans les 12 premiers centimètres sous la surface nettement plus faible qu'en l'absence de labour. De ce point de vue, il faudrait donc favoriser la pratique des cultures sans labour.

Exercice 9 Comparer les arthropodes de différents sols

On attend tout ou partie des points suivants :

– Une utilisation de l'appareil de Berlèse conforme aux indications de l'exercice, sur une durée d'au moins une semaine.

– Une utilisation de la loupe binoculaire et du microscope conforme aux consignes habituelles pour ces outils d'observation.
– La détermination d'au moins trois sortes de microarthropodes grâce à une clé de détermination ou une estimation de l'abondance globale des microarthropodes à l'aide d'une lame de Malassez.
– Après mise en commun de résultats obtenus avec différents sols, construction d'un tableau ou d'un graphique comparatif.
– L'élaboration d'au moins une hypothèse permettant d'expliquer les différences de diversité ou d'abondance constatées.
– En s'appuyant sur les connaissances, la rédaction d'un court texte mettant en relation le niveau d'activité biologique d'un sol et sa fertilité.

Tâche complexe

La protection des sols sur des sites naturels touristiques en Bretagne (p. 194-195)

Les intentions pédagogiques

Cette tâche complexe reprend certaines notions abordées dans les activités du chapitre. L'exemple proposé permet de comparer la vitesse de dégradation d'un sol sous l'effet d'une forte fréquentation touristique, avec celle de sa formation, et de montrer qu'il n'est pas renouvelable à l'échelle humaine. On rappelle ainsi que les sols sont des ressources menacées qui nécessitent une gestion durable.

L'élève prend alors conscience de sa responsabilité face à l'environnement, et de l'importance de respecter certaines mesures de protection comme suivre les chemins balisés, ou ne pas polluer les sols avec ses déchets.

Cette étude permet également de comprendre pourquoi la vitesse de formation d'un sol est très lente, avec des documents sur l'altération physique et chimique (hydrolyse) de la roche mère qui conduit à sa désagrégation.

L'élève peut aussi exprimer sa créativité et travailler en groupe au cours de la réalisation de l'affiche.

Les documents

Le **document 1** propose trois photographies correspondant à trois étapes de la formation d'un sol. Sur la première photographie, on observe la roche mère en cours d'altération, fracturée, formant des blocs arrondis, les boules de granite. Cette fracturation a pour origine les processus climatiques et biologiques abordés dans le document 1 page 180.
La seconde photographie présente la mise en place de l'horizon minéral avec formation d'un sable (l'arène granitique) entre les boules de granite, dans les fractures. L'élève peut alors émettre l'hypothèse que cette arène granitique provient de la désagrégation de la roche mère.

Sur la troisième photographie, on distingue de bas en haut : la roche mère, l'horizon d'altération, et l'horizon humifère. La formation de l'horizon d'altération est à mettre en relation avec la photographie précédente, alors que celle de l'horizon humifère s'explique par la décomposition de la matière organique, notion abordée dans le document 2 page 179.
Ce document donne aussi des informations sur le temps de formation d'un sol (1 cm par siècle environ) que l'on doit comparer avec l'épaisseur de sol perdu par érosion en dix années sur le site de Ploumanac'h. Ainsi, sans l'apport d'importants volumes de terre au cours de travaux de restauration, il aurait fallu attendre 10 000 ans pour que le mètre de sol perdu soit reconstitué naturellement.

Le **document 2** s'appuie sur des photographies de granite sain, de granite altéré et d'arène granitique observés à la loupe binoculaire, qui sont à replacer sur le **document 1**. Cette activité peut aussi donner lieu à des observations à l'œil nu et à la loupe binoculaire de ces échantillons.
On reprend ici les processus chimiques comme l'hydrolyse abordée à l'échelle microscopique dans le document 2 page 180. Ces processus permettent d'expliquer la formation de l'arène granitique observée sur le **document 1**.
Le granite sain est constitué de minéraux comme le feldspath, le mica et le quartz. Le granite altéré possède les mêmes minéraux. Cependant ces derniers, sauf le quartz, sont altérés, avec apparition d'une coloration rouge orangé liée à la présence d'oxydes de fer. La roche paraît moins compacte avec une fissure et des minéraux moins jointifs. Elle commence à subir une désagrégation.
Dans l'arène granitique on observe une grande quantité de quartz, des feldspaths altérés. Ceci permet de confirmer que l'arène granitique provient de la désagrégation de la roche mère.
En revanche, les micas ne sont plus présents, alors qu'une poudre argileuse s'est formée. L'équation proposée permet d'expliquer la transformation chimique des minéraux comme les feldspaths et les micas en minéraux argileux, mais aussi la formation d'oxydes de fer.

Le **document 3** donne des informations sur les durées de vie de déchets que les touristes abandonnent couramment sur le site, durées qui peuvent être de 4 000 ans pour le verre ou de 1 000 ans pour certains plastiques.

Production attendue

Sur l'affiche, plusieurs notions peuvent être attendues et mises en relation :

- le rappel des lourds travaux de restauration des sols sur le site de Ploumanac'h ;
- les différentes étapes de la formation d'un sol avec les processus physiques et chimiques à l'origine de la lente désagrégation de la roche mère, sous la forme par exemple d'un schéma fonctionnel ;
- le temps de formation d'un sol ;
- la durée de vie de quelques déchets ;
- des conseils aux touristes pour éviter la dégradation et la pollution des sols.

Le groupe d'élèves peut présenter son affiche sur support papier ou la réaliser sous la forme d'un document numérique.
Une banque d'images photocopiées ou numérisées peut être proposée, comme les photographies ou schémas des **documents 1**, **2** et **3**.

Des aides peuvent être fournies si nécessaire :

- **Aides concernant les connaissances**

– Les processus physiques et biologiques à l'origine de la désagrégation de la roche mère (document 1 page 180)

– Les processus biologiques à l'origine de la formation de l'humus (document 2 page 179)

– Les facteurs accentuant l'érosion hydrique comme la destruction de la végétation (document 2 page 183, document 3 page 185)

- **Aides méthodologiques rappelant les critères de réussite pour réaliser une affiche**

– Une mise en page soignée, claire, avec utilisation de couleurs judicieusement choisies et un titre accrocheur

– Des textes courts

– La présence d'illustrations sous la forme de dessins simplifiés, schémas fonctionnels, photographies légendées…

– Titres, textes et illustrations lisibles pour un lecteur situé à un mètre

– Des textes et illustrations mis en relation et disposés dans l'espace de façon cohérente

– Des notions scientifiques et des illustrations pertinentes, exactes, précises et sans oubli

Les chapitres

PARTIE 3

Corps humain et santé

Partie 3 Corps humain et santé

Les objectifs généraux de cette partie

Selon les textes officiels, les trois grandes parties du programme de la classe de Seconde doivent être abordées d'une manière équilibrée. Il apparaît donc raisonnable de consacrer un tiers du temps annuel à cette troisième partie. Le manuel propose une large palette d'activités qui s'inscrivent dans les objectifs précisés par le programme : cependant, toutes ces activités ne sont pas obligatoires et il sera nécessaire de faire des choix, de façon à ménager le temps nécessaire pour traiter les deux autres parties du programme. On peut par exemple choisir d'illustrer telle notion par une activité pratique expérimentale alors qu'une autre notion sera simplement et plus rapidement exposée. Cette liberté pédagogique du professeur est du reste spécifiée par le préambule du programme.

Le thème « **Corps humain et santé** » s'inscrit dans la continuité des programmes de collège, dans une logique d'approfondissement. Une double page permet de mobiliser rapidement les acquis essentiels du collège sans qu'il soit nécessaire de les redémontrer.

Cette thématique, centrée sur l'organisme humain, permet à chacun de comprendre le fonctionnement de son organisme, ses capacités et ses limites. Elle prépare à l'exercice des responsabilités individuelles, familiales et sociales et constitue un tremplin vers les métiers qui se rapportent à la santé (médecine, odontologie, diététique, épidémiologie). La connaissance du corps et de son fonctionnement est indispensable pour pratiquer un exercice physique dans des conditions compatibles avec la santé. Cela passe par la compréhension des effets physiologiques de l'effort et de ses mécanismes dont on étudie ici un petit nombre d'aspects.

Cette partie du programme permet de développer un certain nombre de compétences :

- **Des connaissances :** les objectifs cognitifs sont relativement modestes dans la mesure où, dans cette partie du programme, ils sont largement de l'ordre de la stabilisation des acquis du collège.
Par exemple, les modifications physiologiques à l'effort (augmentation de la fréquence cardiaque, de la ventilation pulmonaire et de la consommation de dioxygène) sont connues depuis le collège ; il s'agit ici d'aborder des quantifications plus précises ainsi que des notions nouvelles comme la $\dot{V}O_2$ max et la boucle de régulation nerveuse de la pression artérielle.
- **Des capacités :** cette partie du programme permet de mettre en œuvre diverses activités expérimentales, manipulatoires. Les élèves seront notamment amenés à appliquer des protocoles expérimentaux, ExAO notamment (débit ventilatoire, fréquence cardiaque, consommation de dioxygène, variations de la pression artérielle…), à réaliser des observations (dissections, observations microscopiques de cellules). Les élèves pratiqueront les étapes essentielles de la démarche d'investigation : observation, questionnement, formulation d'hypothèses, expérimentation, raisonnement, communication sous forme de tableaux ou de graphes.

• **Des attitudes :** dans cette partie, les élèves auront l'occasion de prendre conscience de leur responsabilité face à la santé et d'avoir une bonne maîtrise de leur corps.
En particulier, le dernier chapitre doit leur permettre de prendre conscience des bienfaits de la pratique d'activités sportives dans le respect des règles de sécurité et, parallèlement, les dangers de l'utilisation de substances dopantes.

Cette troisième partie du programme est découpée en quatre chapitres : le **chapitre 1** est consacré aux besoins énergétiques du corps humain en relation avec la pratique d'activités physiques. Le **chapitre 2** permet de consolider les acquis du collège sur les réponses de l'organisme à l'effort physique, en particulier en recherchant au niveau du cœur les structures anatomiques responsables de la circulation à sens unique du sang dans l'appareil circulatoire qui, elle, est connue depuis le collège. Le **chapitre 3** est consacré à l'étude d'une boucle de régulation nerveuse, sur l'exemple de la pression artérielle le chapitre n'est pas « la régulation de la pression artérielle » mais simplement l'étude simplifiée de la boucle nerveuse intervenant dans cette régulation. Le **chapitre 4** enfin est nettement orienté vers une éducation à la santé (comment pratiquer une activité sportive en préservant sa santé ?).

Une correspondance entre le programme officiel et les chapitres du manuel

Connaissances	Les chapitres du manuel
Des modifications physiologiques à l'effort Au cours d'un exercice long et/ou peu intense, l'énergie est fournie par la respiration, qui utilise le dioxygène et les nutriments. L'effort physique augmente la consommation de dioxygène : – plus l'effort est intense, plus la consommation de dioxygène augmente ; – il y a une limite à la consommation de dioxygène. La consommation de nutriments dépend aussi de l'effort fourni. L'exercice physique est un des facteurs qui aident à lutter contre l'obésité.	chapitre **1** **L'effort physique nécessite de l'énergie supplémentaire** (pages 200-217) **Les activités pratiques** **Act. 1** Évaluation de la dépense énergétique associée à l'effort **Act. 2** La couverture des besoins énergétiques lors d'un effort modéré **Act. 3** Niveau de performance et consommation de dioxygène sont liés **Act. 4** Exercice physique et prévention du surpoids
Au cours de l'effort, un certain nombre de paramètres physiologiques sont modifiés : fréquence cardiaque, volume d'éjection systolique (et donc débit cardiaque) ; fréquence ventilatoire et volume courant (et donc débit ventilatoire) ; pression artérielle. Ces modifications physiologiques permettent un meilleur approvisionnement des muscles en dioxygène et en nutriments. L'organisation anatomique facilite cet apport privilégié. Un bon état cardiovasculaire et ventilatoire est indispensable à la pratique d'un exercice physique.	chapitre **2** **Les réponses de l'organisme à l'effort physique** (pages 218-237) **Les activités pratiques** **Act. 1** Effort physique et variations du débit ventilatoire **Act. 2** Effort physique et variations du débit cardiaque **Act. 3** Le cœur et la propulsion du sang dans les vaisseaux **Act. 4** L'approvisionnement des muscles en dioxygène **Act. 5** Fonction cardio-respiratoire et pratique d'un sport

Connaissances	Les chapitres du manuel
Une boucle de régulation nerveuse La pression artérielle est une grandeur contrôlée par plusieurs paramètres. Par exemple, il existe une boucle réflexe de contrôle de la fréquence cardiaque (dont la pression artérielle dépend par l'intermédiaire du débit) : – des capteurs (barorécepteurs) sont sensibles à la valeur de la pression artérielle ; – un centre bulbaire intègre les informations issues des barorécepteurs et module les messages nerveux en direction de l'effecteur (cœur) ; – les informations sont transmises du centre à l'effecteur par des nerfs sympathiques et parasympathiques. La boucle de régulation contribue à maintenir la pression artérielle dans d'étroites limites autour d'une certaine valeur. À l'effort, l'organisme s'écarte de cette situation standard.	chapitre **3** **La régulation nerveuse de la pression artérielle** (pages 238-255) **Les activités pratiques** **Act. 1** Pression artérielle et fréquence cardiaque **Act. 2** Le contrôle de la fréquence cardiaque **Act. 3** Un contrôle réflexe de la pression artérielle
Pratiquer une activité physique en préservant sa santé Le muscle strié squelettique et les articulations constituent un système fragile qui doit être protégé. Les accidents musculo-articulaires s'expliquent par une détérioration du tissu musculaire, des tendons, ou de la structure articulaire. Au cours de la contraction musculaire, la force exercée tire sur les tendons et fait jouer une articulation, ce qui conduit à un mouvement. Des pratiques inadaptées ou dangereuses (exercice trop intense, dopage…) augmentent la fragilité du système musculo-articulaire et/ou provoquent des accidents.	chapitre **4** **Pratiquer une activité physique en préservant sa santé** (pages 256-268) **Les activités pratiques** **Act. 1** Un exemple d'articulation fragile : le genou **Act. 2** Muscles et tendons mobilisent les articulations **Act. 3** Des comportements à adopter afin de préserver ses articulations

CHAPITRE 1

L'effort physique nécessite de l'énergie supplémentaire

ACTIVITÉ 1

Évaluation de la dépense énergétique associée à l'effort (p. 202-203)

Connaissances	Capacités et attitudes
Au cours d'un exercice long et/ou peu intense, l'énergie est fournie par la respiration, qui utilise le dioxygène et les nutriments.	Concevoir et/ou mettre en œuvre un protocole expérimental pour mettre en évidence la dépense énergétique à l'effort. Exploiter des données quantitatives (à l'aide d'un tableur).

1. Les intentions pédagogiques

Ces documents ont pour but de définir la dépense énergétique d'un individu et les paramètres dont elle dépend. L'accroissement de la dépense lié à l'effort physique sera détaillé. Une estimation peut être faite avec un tableur à partir de définitions simples de physique. Ceci facilitera la compréhension des notions abordées ensuite qui s'appuient souvent sur ces données.

Les **documents 1** et **2** fournissent différentes informations qui doivent permettre de mettre en évidence les dépenses énergétiques générales, celles liées à l'effort, et finalement certains facteurs intervenant dans ces dépenses.

Le **document 3** indique comment des efforts simples et contrôlés permettent de définir les notions de travail et de puissance.

Travail et puissance peuvent être prédits grâce à un modèle calculatoire simplifié construit sur tableur. L'exemple de flexions sur les jambes est ici traité. Le même genre de réflexion peut être mené avec la montée répétée d'une marche, la levée répétée d'haltères, etc.

2. Pistes de travail

Doc. 1 et Doc. 2

Après avoir découvert les facteurs intervenant dans la dépense énergétique journalière (métabolisme de base, température du lieu de vie, sexe et activités physiques de la personne…) l'élève pourra grâce aux informations du **document 1** estimer le temps qu'il passe pour chaque activité puis calculer ainsi sa dépense énergétique journalière. Le tableau du **document 2** lui permettra de vérifier si l'estimation faite est réaliste.

Doc. 3 Calculer le travail et la puissance d'une série de flexions

L'utilisation d'un logiciel tableur est incontournable au lycée quelle que soit la section choisie ultérieurement en classe de Première. Même si de nombreux tableurs sont disponibles, en suivant simplement la procédure indiquée dans le **document 3**, l'élève obtiendra ainsi la puissance de l'effort fourni. Un calcul classique de pourcentage permet ensuite d'estimer la part du travail musculaire dans la dépense énergétique totale quotidienne.

3. Ressources complémentaires

- Une feuille de calcul très simple afin d'estimer son métabolisme de base : http://www.ac-nice.fr/svt/productions/2ao/equilal/calcmet.htm

ACTIVITÉ 2

La couverture des besoins énergétiques lors d'un effort modéré (p. 204-205)

Connaissances	Capacités et attitudes
Au cours d'un exercice long et/ou peu intense, l'énergie est fournie par la respiration, qui utilise le dioxygène et les nutriments. L'effort physique augmente la consommation de dioxygène : plus l'effort est intense, plus la consommation de dioxygène augmente.	Concevoir et/ou mettre en œuvre un protocole expérimental (ExAO, spirométrie, brassard, etc.) afin de mettre en évidence un ou plusieurs aspects du métabolisme énergétique à l'effort (consommation de dioxygène, production de chaleur, etc.). Exploiter des données quantitatives (éventuellement à l'aide d'un tableur) concernant les modifications à l'effort de la consommation de dioxygène et/ou de nutriments comme le glucose.

1. Les intentions pédagogiques

Il est préférable d'avoir au préalable vérifié les acquis de Cinquième (voir « Retrouver les acquis du collège », pages 198-199) pour une meilleure exploitation des documents.

Le **document 1** est un schéma-bilan montrant les grandes étapes de la respiration cellulaire appliquées au muscle. Il est complété par une équation-bilan des mécanismes respiratoires cellulaires et de la quantité d'énergie libérée lors de l'utilisation de différents nutriments. Il devient alors possible d'effectuer des corrélations entre quantité de matière organique consommée, quantité de dioxygène consommé et de dioxyde de carbone produit, quantité d'énergie produite.

Le **document 2** permet d'identifier le nutriment préférentiellement utilisé par le muscle. Il montre les variations du taux de glucose dans le sang entrant et sortant des muscles de la cuisse au repos et dans différentes situations d'effort de puissances croissantes.

Les **documents 3** et **4** mettent en jeu les capacités expérimentales des élèves. En effet, l'utilisation de l'ExAO semble particulièrement appropriée pour tester l'augmentation de consommation de dioxygène lors d'un effort, ainsi que l'échauffement du muscle qui travaille (jusqu'à 3 °C pour un effort important), voire l'échauffement général du corps (jusqu'à 1 °C). Ces documents se prêtent bien à un travail sur l'élaboration de protocoles et à l'exploitation de données avec un tableur. Ainsi, les observations dans la classe seront complétées, critiquées et enrichies ensuite avec les estimations calculées.

2. Pistes de travail

Doc. 1 La respiration : une utilisation des nutriments grâce au dioxygène

La reprise du schéma-bilan de la page 198 dans le **document 1** complété par quelques informations sur la valeur énergétique des nutriments permet la rédaction d'un texte sur la respiration cellulaire. Ce travail entraîne l'élève à la lecture d'un schéma-bilan d'une part, permet de vérifier que le rôle fondamental de la respiration cellulaire a bien été assimilé d'autre part.

Doc. 2 **La provenance des nutriments utilisés**

Le **document 2**, exploité ou non sous forme d'un tableau, montre bien que l'utilisation du glucose sanguin croît avec la puissance de l'effort fourni ; ici, elle est multipliée par 4 environ.

Doc. 3 **Une mesure de la consommation de dioxygène au repos et à l'effort**

L'analyse des résultats obtenus par ExAO cités dans le **document 3**, suivie d'un calcul simple, montre par exemple que la consommation de dioxygène est multipliée par 3 par rapport au repos.

3. Ressources complémentaires

- Pour en savoir plus sur le muscle en fonctionnement : *Physiologie du muscle squelettique*, éditions Elsevier, Jones & collaborateurs.

ACTIVITÉ 3

Niveau de performance et consommation de dioxygène sont liés (p. 206-207)

Connaissances	Capacités et attitudes
L'effort physique augmente la consommation de dioxygène : – plus l'effort est intense, plus la consommation de dioxygène augmente ; – il y a une limite à la consommation de dioxygène.	Concevoir et/ou mettre en œuvre un protocole expérimental (ExAO, spirométrie) pour mettre en évidence un ou plusieurs aspects du métabolisme énergétique à l'effort (consommation de dioxygène). Lire et construire des graphiques.

1. Les intentions pédagogiques

Le **document 1** présente la détermination de la consommation maximale de dioxygène en milieu médical. L'analyse du cas proposé doit conduire à la notion de limite indépassable de l'effort à un instant *t*. Cette limite est en réalité celle du système cardio-respiratoire.

Le **document 2** indique comment on peut estimer la consommation maximale de dioxygène au lycée sans pour cela demander à l'élève de fournir un effort maximal (ce qui est interdit dans le cadre de la classe). Des mesures réalisées par ExAO en conditions raisonnables (efforts modérés) et des extrapolations de mesures permettent de prédire approximativement la consommation maximale de dioxygène.

2. Pistes de travail

Doc. 1 **L'épreuve d'effort permet de connaître les limites d'un organisme**

L'évolution de la consommation de dioxygène lors d'un test d'effort réalisé par un jeune basketteur permet d'entraîner l'élève à la saisie d'informations dans un graphique complexe, graphique où trois types de données différentes figurent en fonction du temps de mesure de ces paramètres. L'identification de la $\dot{V}O_2$ max est attendue, environ 4 litres par minute ici pour une puissance comprise entre 300 et 350 W.

Doc. 2 **Déterminer la $\dot{V}O_2$ max sans atteindre l'effort maximum**

L'estimation de la $\dot{V}O_2$ max de l'élève est l'occasion de construire un graphique avec les données du **document 2** puis de procéder à une extrapolation des résultats sur cette $\dot{V}O_2$ avec une courbe de tendance. On obtient ainsi une valeur de $\dot{V}O_2$ max légèrement supérieure à 3 litres par minute pour cet élève de 16 ans (voir graphique page 211 du manuel). Cette construction peut également être faite avec un logiciel tableur en intégrant l'utilisation de la fonction « courbe de tendance », fonction qui sera fréquemment utilisée lors d'études scientifiques.

La recherche sur Internet de valeurs de la $\dot{V}O_2$ max de grands champions permet de comparer les résultats obtenus. Ainsi, le cycliste espagnol Alberto Contador a une $\dot{V}O_2$ max d'environ 99 $mL{\cdot}min^{-1}{\cdot}kg^{-1}$, ce qui, pour une masse corporelle de 62 kg, correspond à 6,1 litres de dioxygène consommés en une minute !

3. Ressources complémentaires

- Une vidéo montrant un test d'effort :
  http://www.institut-medecine-sport.fr/le-test-deffort.html

ACTIVITÉ 4

Exercice physique et prévention du surpoids (p. 208-209)

Connaissances	Capacités et attitudes
La consommation de nutriments dépend aussi de l'effort fourni. L'exercice physique est un des facteurs qui aident à lutter contre l'obésité.	Exploiter des données quantitatives concernant les modifications de la consommation de nutriments à l'effort.

1. Les intentions pédagogiques

Cette activité participe plus particulièrement à l'éducation à la santé. Le sujet du maintien et/ou de la perte de poids est une préoccupation importante pour de nombreux adolescents. Elle vise à démonter quelques idées préconçues souvent erronées sur la perte de poids ou sur les conceptions relatives à l'obésité. De plus, elle clarifie les conditions d'une pratique sportive nécessaires à l'utilisation des réserves lipidiques.

Le **document 1** montre comment on peut définir le surpoids et/ou l'obésité à l'aide de l'indice de masse corporelle (IMC) en première approximation mais également que ce surpoids et/ou cette obésité s'accompagnent d'un excès de stockage des lipides.

Le **document 2** est un extrait de texte issu d'une revue de vulgarisation scientifique qui fait le point sur les effets du sport sur le surpoids. Il s'agit de contrer quelques idées reçues comme « le sport fait maigrir ». L'accent est porté sur les conditions de l'utilisation des lipides par l'organisme et l'équilibre entre masse grasse et masse musculaire. Un tableau des réserves énergétiques disponibles, chez un sujet de 70 kg, montre l'importance de la réserve lipidique par rapport aux réserves protidiques et glucidiques. On pose déjà le problème du type d'exercice physique adapté au contrôle du surpoids.

Les mesures présentées dans le **document 3** confirment les conditions d'utilisation des lipides : pour perdre du poids il ne faut pas être au maximum d'intensité contrairement à certaines idées reçues. Dans le cas d'une personne en surpoids, on peut ainsi déterminer la nature de l'effort lui permettant de diminuer ses réserves adipeuses et donc de maigrir. Il est possible pour aller plus loin de faire un lien avec l'activité 3 et/ou avec l'EPS.

Le **document 4** montre que la proportion des divers nutriments utilisés par les muscles dépend de la durée de l'effort. Il est possible de définir quand et dans quel type d'effort les muscles consomment plutôt des sucres ou plutôt des graisses.

2. Pistes de travail

Doc. 1 et Doc. 2

Le texte du **document 1** présentant le surpoids montre que ce dernier s'installe à partir d'un IMC supérieur à 25 et l'obésité à partir de 30. Il fait également référence au stockage excessif de graisses, stockage visible dans le graphique mais également dans le tableau du **document 2**. Celui-ci indique clairement que si la pratique sportive ne fait pas perdre de poids, elle permet cependant de ne pas en prendre et de développer la masse musculaire au détriment de la masse grasse.

Doc. 3 et Doc. 4

Les **documents 3** et **4** permettent aux élèves de se perfectionner dans l'analyse des données fournies sous forme de graphiques. On attend ici deux valeurs numériques précises : une intensité d'effort aux alentours de 50 % de la $\dot{V}O_2$ max et une durée minimale de 30 minutes.

3. Ressources complémentaires

- Un dossier très complet sur l'obésité consultable sur le site de l'Inserm (Institut national de la santé et de la recherche médicale) avec de courtes vidéos sur les causes, le métabolisme des adipocytes : http://www.inserm.fr/thematiques/physiopathologie-metabolisme-nutrition/dossiers-d-information/obesite
- Le plan Obésité : http://www.sante.gouv.fr/plan-obesite,1839.html
- Des chiffres récents sur l'obésité en France fournis par l'INSEE (Institut national de la statistique et des études économiques) :
http://www.insee.fr/fr/themes/document.asp?reg_id=0&ref_id=ip1123

Exercices

La correction des exercices 1 à 5 figure dans le manuel page 280.

Exercice 6 L'énergie apportée par deux rations

1. Chercher les renseignements demandés.

2. 90 g de brioche : G = 46,17 g, P = 7,38 g, L = 18,9 g.
42 g de barre chocolatée : G = 29,19 g, P = 1,47 g, L = 7,6 g.

3. Apport énergétique : 928 kJ pour la brioche, 810 kJ pour la barre chocolatée.

4. Nombre de flexions possibles : 2 429 pour le premier, 2 417 pour le deuxième, en théorie. Mais une partie importante de l'énergie donnée par respiration cellulaire se dissipant sous forme de chaleur, ces valeurs peuvent être corrigées à moins de 608 et 605 flexions en prenant un rendement énergétique très favorable de 25 %.

Exercice 7 **Courir vite… ou longtemps ?**

1. À 8 km·h^{-1} : 2430 kJ et à 16 km·h^{-1} : 2408 kJ.

2. C'est la vitesse de course qui est le facteur le plus déterminant pour la dépense énergétique.

Exercice 8 **L'obésité en France**

1. Entre 1997 et 2009, l'obésité a globalement progressé dans toutes les régions de France. Ainsi, le Nord qui comptait déjà 12 à 16 % d'obèses en 1997 en compte plus de 16 % en 2009. De même, la Corse qui avait moins de 8 % d'obèses en 1997 en comporte de 8 à 12 % en 2009.

2. Une alimentation plus riche et une baisse de l'activité physique constituent les deux causes incontestables de l'obésité, causes sur lesquelles on peut agir. L'hérédité intervient également mais on ne peut pas la modifier. Enfin, le rôle de l'environnement est également identifié mais la variété des facteurs environnementaux est grande et il est difficile de distinguer la part de chacun.

Tâche complexe

Reprise d'entraînement chez un triathlète (p. 216-217)

Les intentions pédagogiques

Des notions ont été vues séparément les unes des autres dans les activités : consommation maximale de dioxygène d'une part, IMC et taux de masse grasse d'autre part. Cette tâche complexe permet de montrer que ces paramètres sont complémentaires. En effet, une variation de l'un entraîne une modification des autres pour une personne donnée. À titre d'exemple, l'arrêt de l'activité physique diminue la consommation maximale de dioxygène et favorise la prise de poids.

En biologie humaine, l'emploi de valeurs numériques significatives est essentiel. Ici, des techniques qui permettent de les obtenir sont exposées. Ce travail sera aussi l'occasion pour l'élève de pratiquer des calculs simples, afin d'obtenir certaines de ces valeurs, de s'exercer à la lecture de graphes et de tableaux.

Enfin, la synthèse des divers résultats obtenus et leur comparaison aux valeurs de référence fournies demanderont organisation et rigueur dans le raisonnement.

Les documents

Le **document 1** est un tableau de référence indiquant les valeurs de ces paramètres lors des périodes de pratique sportive du triathlète.

Le **document 2** permet de déterminer la masse grasse par la méthode des plis cutanés. L'élève doit d'abord comprendre la méthode, qui est actuellement la plus facile à mettre en œuvre avec une bonne fiabilité par des professionnels. Puis il doit lire les quatre valeurs utiles, faire la somme de ces valeurs et enfin associer une masse grasse à la valeur trouvée par l'intermédiaire d'un tableau d'équivalence en tenant compte de l'âge du triathlète. Ici, un taux de masse grasse de 14,4 % est obtenu.

Le **document 3** permet de calculer l'IMC, indicateur dont l'élève doit connaître la formule après l'activité 4. À défaut, il doit savoir la retrouver. Après avoir relevé la masse lors de la pesée et la taille indiquée, le calcul donne un IMC de 20,9. De plus, le graphique indique une corpulence normale.

Le **document 4** est composé d'un graphique semblable à celui vu lors de l'activité 3 et d'un tableau de référence. Le graphique permet de déterminer une consommation maximale de dioxygène de 58 mL/min/kg. L'entrée de cette valeur dans le tableau en tenant compte de l'âge du triathlète indique une consommation maximale de dioxygène très bonne.

La réponse attendue

Après avoir calculé ou déterminé les trois paramètres recherchés, l'élève doit les comparer à ceux de référence du **document 1**. Ainsi, après la trêve estivale, Thomas a un IMC de 20,9, un taux de matière de grasse de 14,4 % et une consommation maximale de dioxygène de 58 mL/min/kg. Du point de vue de sa santé, sa corpulence est normale et sa consommation maximale de dioxygène très bonne ; on peut donc affirmer qu'il semble en bonne santé.

De même, bien que Thomas ait pris du poids et un peu de matière grasse, sa consommation maximale de dioxygène n'a que fort peu diminué. Il semble donc que contrairement aux premières impressions du coach, Thomas a plutôt suivi ses conseils et s'est maintenu en bonne condition physique.

CHAPITRE 2

Les réponses de l'organisme à l'effort physique

ACTIVITÉ 1

Effort physique et variations du débit ventilatoire (p. 220-221)

Connaissances	Capacités et attitudes
Au cours de l'effort un certain nombre de paramètres physiologiques sont modifiés : fréquence cardiaque, volume d'éjection systolique (et donc débit cardiaque) ; fréquence ventilatoire et volume courant (et donc débit ventilatoire) ; pression artérielle.	Concevoir et/ou mettre en œuvre un protocole expérimental (en particulier assisté par ordinateur) pour montrer les variations des paramètres physiologiques à l'effort.

1. Les intentions pédagogiques

Il s'agit de mettre en parallèle des résultats obtenus lors d'une activité expérimentale en classe avec ceux obtenus dans un centre de médecine du sport.

Le dispositif d'ExAO utilisé dans le **document 1** « Atelier Scientifique-Jeulin » permet de mesurer le débit ventilatoire dans différentes conditions, en particulier de comparer ce débit au repos et à l'effort.

Le **document 2** est une information anatomique simplifiée sur la mécanique ventilatoire, notion qui n'existe plus dans les programmes de collège.

Le **document 3** correspond à des mesures réalisées dans un centre de médecine du sport : il permet de quantifier de manière plus précise la relation entre la puissance de l'effort et le débit ventilatoire.

2. Pistes de travail

Doc. 1 Les variations du débit ventilatoire dues à l'effort physique

Au repos, le volume d'air courant peut être estimé à environ 0,5 litre (en traçant une droite horizontale passant par la valeur moyenne du haut du tracé, c'est-à-dire la fin d'inspiration, puis une seconde passant par la valeur moyenne du bas du tracé, c'est-à-dire la fin d'expiration). Quant à la fréquence, on observe environ 12 mouvements respiratoires par minute.
Le débit ventilatoire au repos est donc de 0,5 L × 12 = 6 L par minute.

Selon le même principe de calcul on peut estimer :
– le débit ventilatoire lors d'un effort modéré : 0,7 L × 15 = 10,5 L par minute ;
– le débit ventilatoire lors d'un effort intense : 1,25 L × 16 = 20 L par minute.

Doc. 3 Des mesures réalisées dans un centre de médecine du sport

Le débit ventilatoire augmente en fonction de la puissance de l'effort.

Le graphe montre que cette augmentation est d'abord modérée au début de l'effort mais qu'ensuite, lorsque la puissance de l'effort dépasse 125 watts, l'augmentation du débit est beaucoup plus rapide et elle atteint rapidement une valeur maximale.

3. Ressources complémentaires

- Un site simple, complet et intéressant concernant la physiologie du sportif : http://physiomax.com.free.fr/index.htm
- Des exemples de protocoles expérimentaux et de résultats d'élèves lors d'activités ExAO portant sur le thème de l'adaptation à l'effort sur différents sites académiques.

ACTIVITÉ 2

Effort physique et variations du débit cardiaque (p. 222-223)

Connaissances	Capacités et attitudes
Au cours de l'effort un certain nombre de paramètres physiologiques sont modifiés : fréquence cardiaque, volume d'éjection systolique (et donc débit cardiaque) ; fréquence ventilatoire et volume courant (et donc débit ventilatoire) ; pression artérielle.	Concevoir et/ou mettre en œuvre un protocole expérimental (en particulier assisté par ordinateur) pour montrer les variations des paramètres physiologiques à l'effort.

1. Les intentions pédagogiques

Comme dans l'activité 1, il s'agit d'abord de mettre en parallèle des résultats obtenus lors d'une activité expérimentale en classe avec ceux obtenus dans un centre de médecine du sport.

Le dispositif d'ExAO utilisé dans le **document 1** (matériel Sordalab) permet de mesurer la fréquence cardiaque au repos, pendant un effort et après l'effort. On peut ainsi mettre aisément en évidence l'accélération de cette fréquence due à l'effort puis, ensuite, son retour à la normale au cours de la phase de récupération.

Le **document 2** correspond à des mesures réalisées dans un centre de médecine du sport : il permet de quantifier de manière plus précise la relation entre la puissance de l'effort et le débit ventilatoire. Il montre en particulier que l'augmentation de la fréquence cardiaque présente une limite : la fréquence cardiaque maximale qui dépend entre autres de l'âge du sujet.

Le **document 3** montre que, pour mesurer le débit cardiaque, il faut connaître non seulement la fréquence cardiaque mais aussi le volume de sang éjecté par l'un ou l'autre des ventricules (le VES ou Volume d'Éjection Systolique). La mesure du VES ne peut se faire qu'en milieu médical à l'aide d'appareils spécialisés : le **document 3** explique le principe de cette mesure.

Le **document 4** enfin indique les variations de la fréquence cardiaque et du VES dans trois situations différentes : debout au repos, jogging, course.

À noter que les variations de la pression artérielle à l'effort sont abordées dans le chapitre 3.

2. Pistes de travail

Doc. 1 Un enregistrement de la fréquence cardiaque à l'aide d'un dispositif d'ExAO (Sordalab)

La fréquence cardiaque s'adapte à l'effort physique par une accélération, mais cette accélération présente une limite, quelle que soit l'intensité de l'effort : on la qualifie de fréquence cardiaque maximale.

Doc. 4 **Variations du débit cardiaque dans trois situations différentes**

Pour calculer le débit cardiaque il faut multiplier la fréquence cardiaque par le volume d'éjection systolique. On peut donc calculer ce débit dans les trois situations du **document 4**:

– position debout: 65 batt/min × 65 mL = 4 225 mL/min (soit 4,225 L/min);
– jogging: 120 batt/min × 95 mL = 11 400 mL/min (soit 11,4 L/min);
– course: 152 batt/min × 125 mL = 19 000 mL/min (soit 19 L/min).

Le débit cardiaque augmente donc en fonction de l'effort physique: cette augmentation est due à la fois à une augmentation de la fréquence cardiaque et une augmentation du VES.

Cette augmentation du débit peut être mise en relation avec les besoins accrus du muscle en nutriments et en dioxygène au cours d'un effort physique.

3. Ressources complémentaires

- Un site simple, complet et intéressant concernant la physiologie du sportif: http://physiomax.com.free.fr/index.htm
- Des exemples de protocoles expérimentaux et de résultats d'élèves lors d'activités ExAO portant sur le thème de l'adaptation à l'effort sur différents sites académiques.

ACTIVITÉ 3 Le cœur et la propulsion du sang dans les vaisseaux (p. 224-225)

Connaissances	Capacités et attitudes
Ces modifications physiologiques permettent un meilleur approvisionnement des muscles en dioxygène et en nutriments. L'organisation anatomique facilite cet apport privilégié.	Manipuler, modéliser, recenser, extraire et organiser des informations et ou manipuler (dissections et/ou logiciels de simulation et/ou recherche documentaire) pour comprendre l'organisation et le fonctionnement des systèmes cardiovasculaire et ventilatoire.

1. Les intentions pédagogiques

La double circulation sanguine ainsi que la circulation à sens unique du sang dans les vaisseaux sont connues depuis le collège. Mais, au collège, le rôle du cœur dans cette circulation à sens unique n'a pas été abordé (en classe de Cinquième en particulier, l'existence de valvules cardiaques n'est pas abordé). Le « plus » de la classe de Seconde est justement de comprendre le rôle de ces valvules.

Le **document 1** rappelle des expériences qui ont déjà pu être réalisées en classe de Cinquième et qui montrent que, dans le cœur, le sang peut circuler des veines vers les artères mais pas en sens inverse.

Le **document 2** invite l'élève à pratiquer une ouverture du cœur pour y rechercher les structures anatomiques responsables de cette circulation à sens unique: il découvre ainsi d'une part les valvules auriculo-ventriculaires droite et gauche, d'autre part les valvules artérielles.

Le **document 3** présente une des deux valvules artérielles: la valvule aortique. L'objectif est de comprendre que les valvules sont des sortes de « clapets anti-retour » qui ne permettent le passage du liquide (ici, le sang) que dans un seul sens.

Le **document 4** montre de façon schématique le rôle des différences de pression dans le fonctionnement des valvules cardiaques. Remarquons que les noms techniques précis des valvules auriculo-ventriculaires n'ont pas été donnés. Toutefois, s'il le désire (ou pour répondre à une éventuelle question d'élève), le professeur pourra préciser que la valvule mitrale est située à gauche, la valvule tricuspide à droite. De même pour le terme de valvule sigmoïde.

La courbe des variations de pression intracardiaque au cours d'une révolution n'est pas au programme de Seconde ; cependant, de manière intuitive, l'élève peut comprendre comment ces petites valves s'ouvrent et se ferment selon les différences de pressions qui sont appliquées sur leurs deux faces.

2. Pistes de travail

Doc. 1 Deux expériences simples qui permettent de tirer une conclusion importante

Les expériences du **document 1** montrent qu'il n'y a jamais de mélange de sang entre le « cœur droit » et le « cœur gauche » : le support anatomique en est une cloison étanche séparant la moitié droite et la moitié gauche du cœur. Le cœur peut donc être assimilé à une double pompe, les deux pompes accolées fonctionnant de manière synchrone.

Doc. 2 L'organisation interne du cœur

Les légendes à placer sur le dessin sont :
- 1 : veines caves ;
- 2 : aorte ;
- 3 : artère pulmonaire ;
- 4 : veines pulmonaires ;
- 5 : valvules artérielles ;
- 6 : valvules auriculo-ventriculaires.

Doc. 4 Fonctionnement des valvules cardiaques : l'exemple du cœur gauche

La circulation du sang à sens unique dans le cœur, et par voie de conséquence dans les vaisseaux, est imposée par les valvules cardiaques :

– au cours de la systole auriculaire, le sang passe des oreillettes vers les ventricules : les valvules auriculo-ventriculaires sont ouvertes et les valvules artérielles sont fermées ;

– au cours de la systole ventriculaire, le sang passe des ventricules vers les artères : les valvules auriculo-ventriculaires se ferment puis les valvules artérielles s'ouvrent ;

– au cours de la diastole, les oreillettes se remplissent à partir du sang arrivant par les veines caves ou les veines pulmonaires puis les valvules auriculo-ventriculaires s'ouvrent à nouveau.

3. Ressources complémentaires

- Maquettes anatomiques : Jeulin, Pierron.
- Manuel numérique enrichi Bordas : vidéo des expériences du document 1.
- Sur le site Expert « Vie » de Jussieu, les dissections des cœurs de mouton et de poulet :
http://www.snv.jussieu.fr/vie/dossiers/coeurmouton/mouton.html
http://www.snv.jussieu.fr/vie/dossiers/coeurpoulet/coeurpoulet.htm

ACTIVITÉ 4

L'approvisionnement des muscles en dioxygène (p. 226-227)

Connaissances	Capacités et attitudes
Ces modifications physiologiques permettent un meilleur approvisionnement des muscles en dioxygène et en nutriments. L'organisation anatomique facilite cet apport privilégié.	Manipuler, modéliser, recenser, extraire et organiser des informations et/ou manipuler (dissections et/ou logiciels de simulation et/ou recherche documentaire) pour comprendre l'organisation et le fonctionnement des systèmes cardiovasculaire et ventilatoire.

1. Les intentions pédagogiques

Pendant l'effort, la consommation de dioxygène par les muscles est multipliée par dix ou quinze alors que dans le même temps le débit cardiaque n'est multiplié que par 4 ou 5. La modification de ce seul paramètre ne peut donc pas expliquer comment les nouveaux besoins des muscles sont couverts. Cette activité se propose de présenter les mécanismes circulatoires cardiaques et périphériques permettant la couverture de tels besoins.

Les **documents 1** à **3** mettent en évidence les caractéristiques de la recharge du sang en dioxygène au niveau des poumons.

Le schéma du **document 1** représente la double circulation sanguine connue depuis le collège. Dans le bas du schéma, les cellules musculaires ont été « isolées » des autres organes car, au cours d'un effort physique, ce sont les principales consommatrices d'énergie.
Ce qu'il est important de faire comprendre sur un tel schéma, c'est la disposition « en série » de la circulation pulmonaire et de la circulation générale, disposition qui permet la recharge de la totalité du flux sanguin au niveau des poumons.

Le **document 2** rappelle la très grande surface de contact entre le sang et l'air au niveau des alvéoles pulmonaires.

Le **document 3** montre :
– la constance de la teneur en dioxygène du sang artériel (ainsi nommé même s'il sort des poumons par des veines !) ;
– l'augmentation de la teneur en dioxyde de carbone du sang veineux au cours d'un effort physique ;
– la capacité du muscle à extraire du sang des quantités de plus en plus importantes de dioxygène au cours d'efforts d'intensités croissantes.

L'essentiel est de comprendre que le sang artériel reste saturé en dioxygène quelle que soit l'intensité de l'effort physique et donc quelle que soit la teneur en dioxygène du sang veineux : ce document montre en quelques sorte que les poumons constituent une « machine » très efficace pour recharger le sang en dioxygène.

Les **documents 4** et **5** montrent les adaptions au niveau cardiaque et au niveau de la circulation périphérique dans le muscle qui permettent de satisfaire les besoins accrus du muscle (en nutriments et en dioxygène) au cours d'un effort physique.

Le **document 4** montre les variations du débit cardiaque et du débit au niveau des principaux organes en fonction de l'effort physique. On note clairement que le débit cardiaque est multiplié par 5, mais, pour le débit au niveau des différents organes, une analyse plus fine s'impose :

– les muscles voient leur débit multiplié par près de 20 (alors que le débit cardiaque n'a été multiplié que par 5) ; cela signifie évidemment qu'une plus grande part du débit total leur est allouée, ce que traduit la valeur en pourcentage (qui est multipliée par 4) ;
– la peau est également privilégiée (débit × 10 ; pourcentage × 2) : elle joue un rôle important dans l'évacuation de la chaleur libérée par l'activité musculaire ;
– le cerveau voit son irrigation très légèrement accrue si l'on raisonne en volume de sang perfusant le cerveau par unité de temps mais nettement diminuée si on raisonne en pourcentage du débit global (de 14 % à 3,6 %) ;
– les viscères et les autres organes voient également leur perfusion diminuée si on raisonne en pourcentage du débit global (de 60 % à 10 %).

Le **document 5** permet de montrer comment une vasoconstriction variable permet d'importantes modifications de l'irrigation sanguine au sein d'un muscle selon qu'il est au repos ou en activité.

2. Pistes de travail

Doc. 1 Circulation générale et circulation pulmonaire

En prenant en compte d'une part le fait que l'appareil circulatoire est un système clos et que les liquides sont incompressibles, il est évident que la disposition « en série » de la circulation générale et de la circulation pulmonaire permet au niveau des poumons une recharge en dioxygène de la totalité du flux sanguin : le débit sanguin dans les poumons est égal au débit sanguin dans l'ensemble des autres organes.

Doc. 3 Teneurs en dioxygène du sang veineux et du sang artériel pour des efforts croissants

Le graphique du **document 3** montre que, quelle que soit l'intensité de l'effort, le sang artériel demeure saturé en dioxygène. Le maintien de cette constance est assuré par une augmentation très importante du débit ventilatoire au cours d'un effort intense.

Doc. 4 Variations du débit sanguin global et du débit au niveau de différents organes, au repos et au cours d'un effort physique intense

L'irrigation « en parallèle » des différents organes permet à l'organisme d'en privilégier certains au détriment d'autres au cours d'un effort physique.
Ainsi par exemple, le sang approvisionnant le muscle en dioxygène et en nutriments, l'augmentation de la perfusion sanguine lorsque le muscle est en activité permet de satisfaire les besoins accrus de ce dernier. Ainsi la quantité de dioxygène et de nutriments traversant le muscle par unité de temps est multipliée par 10 si le débit de la perfusion sanguine est 10 fois plus important.

En conclusion la circulation sanguine permet de satisfaire les besoins accrus du muscle en dioxygène au cours d'un effort physique grâce à plusieurs mécanismes complémentaires :
– la disposition « en série » de la circulation générale et de la circulation pulmonaire permet au niveau des poumons une recharge en dioxygène de la totalité du flux sanguin ;
– l'augmentation du débit ventilatoire, en renouvelant l'air dans les alvéoles pulmonaires, permet de maintenir le sang sortant des poumons saturé en dioxygène (c'est ce sang qui sera ensuite distribué à tous les organes après avoir passé dans le ventricule gauche) ;
– l'irrigation « en parallèle » des différents organes permet à l'organisme d'en privilégier certains (muscles en activité) au détriment d'autres (viscères, cerveau) au cours d'un effort physique.

3. Ressources complémentaires

- Maquettes de circulation sanguine : Jeulin, Pierron.
- Manuel numérique enrichi Bordas : animation sur les modifications de la circulation sanguine au cours de l'effort.

ACTIVITÉ 5

Fonction cardio-respiratoire et pratique d'un sport (p. 228-229)

Connaissances	Capacités et attitudes
Un bon état cardiovasculaire et ventilatoire est indispensable à la pratique d'un exercice physique.	Exercer sa responsabilité en matière de santé.

1. Les intentions pédagogiques

Cette activité s'inscrit très clairement dans le cadre de l'éducation à la santé sans naturellement prétendre à l'exhaustivité.

Les **documents 1** à **3** ont été choisis pour fournir des réponses simples à des questions que peuvent se poser les élèves. Bien sûr, d'autres questions pourront se poser dans le cadre de la classe et le sujet se prêtera à des recherches complémentaires sur Internet, en particulier en utilisant les liens sécurisés sur www.bordas-svtlycee.fr.

Le **document 4** est un retour sur la notion de consommation maximale de dioxygène : il montre l'influence de l'entraînement sur la consommation maximale de dioxygène chez le jeune sportif.

Le **document 5** permet de montrer que l'entraînement n'est pas le seul paramètre pouvant influer sur la consommation maximale de dioxygène : il existe des prédispositions génétiques qui peuvent expliquer des consommations maximales de dioxygène plus élevées chez certains sportifs par rapport à d'autres soumis au même entraînement.

2. Pistes de travail

Doc. 1 Doc. 2 et Doc. 3

Les contre-indications à la pratique d'un sport de manière intensive sont nombreuses. En particulier, un bon état cardio-respiratoire est important. C'est pourquoi une visite médicale doit précéder toute pratique sportive (**document 1**). Cette visite médicale pourra mettre en évidence des difficultés comme un souffle au cœur (**document 2**) ou de l'asthme (**document 3**) et impliquer alors l'adoption de règles de vie particulières ou d'actes médicaux spécifiques.

Doc. 4 L'effet de l'entraînement sur la $\dot{V}O_2$ max de jeunes footballeurs à l'INF de Clairefontaine

Si l'état cardio-respiratoire d'un individu peut influencer sa pratique sportive, l'inverse est également vrai. Ainsi l'entraînement des jeunes footballeurs provoque une augmentation de leur consommation maximale de dioxygène. Afin d'augmenter les apports aux muscles lors d'un effort intense, cette augmentation est importante. En effet, dans les activités précédentes, nous avons constaté une augmentation du débit ventilatoire au cours d'un effort, mais, d'autre part nous avons vu que le sang sortant des poumons était toujours saturé en dioxygène quelle que soit l'intensité de l'effort.

Le débit ventilatoire ne constitue donc pas un facteur limitant de l'approvisionnement des muscles en dioxygène. Pour améliorer cet approvisionnement, c'est donc le débit cardiaque qui doit être augmenté (notamment par une augmentation du VES) au cours de l'entraînement.

Doc. 5 L'entraînement n'est pas le seul facteur influant sur la $\dot{V}O_2$ max

Les facteurs influençant la consommation maximale de dioxygène mis en évidence dans ce document sont évidemment des facteurs génétiques puisque deux sportifs soumis au même entraînement peuvent avoir des consommations maximales de dioxygène très différentes.

Exercices

La correction des exercices 1 à 5 figure dans le manuel page 281.

Exercice 6 La circulation du sang dans le cœur

Cet exercice a pour objectif de préparer les élèves à des évaluations sous forme de QCM, type d'évaluation de plus en plus pratiqué à tous les niveaux. À noter que dans ces QCM, il peut y avoir plusieurs bonnes réponses.
Les bonnes réponses sont les réponses **b**, **c**, **e** et **g**.

Exercice 7 Effets de l'entraînement sur le fonctionnement cardio-respiratoire

Le but de cet exercice est de raisonner pour réinvestir les notions définies dans le chapitre.

1. Les modifications observées chez le sujet entraîné par rapport au sujet non entraîné sont :
– pour un effort intense, le débit cardiaque du sujet entraîné est plus élevé que chez le sujet non entraîné (25 L/min au lieu de 20) ;
– la fréquence cardiaque au repos du sujet entraîné est plus basse que celle du sujet non entraîné ; à l'effort, elle est pratiquement la même, mais elle permet un effort plus intense ;
– le VES du sujet entraîné est toujours plus élevé que celui du sujet non entraîné, aussi bien au repos que lors d'un effort intense.

2. Il est clair que l'ensemble des modifications observées a pour but de satisfaire les besoins accrus du muscle en dioxygène au cours de l'effort physique.
Au repos, le débit cardiaque du sujet entraîné est le même que celui du sujet non entraîné malgré une fréquence cardiaque plus faible chez ce dernier : ceci s'explique par une augmentation du VES due à l'entraînement.
De la même manière, au cours d'un effort intense, le débit cardiaque plus élevé chez le sujet entraîné par rapport au sujet non entraîné s'explique par l'augmentation du VES due à l'entraînement puisque la fréquence cardiaque maximale est pratiquement la même. On en conclut donc que l'entraînement améliore en priorité le VES.

Exercice 8 Dissection du cœur de mouton

Le but de cet exercice est de visualiser les différentes valvules responsables de la circulation à sens unique du sang dans le cœur.

L'efficacité du couplage cardio-respiratoire (p. 236-237)

Les intentions pédagogiques

Au cours de ce chapitre, il a été vu que, lors d'un effort physique, l'organisme répond aux besoins accrus des muscles par une augmentation des activités respiratoire et cardiaque. Cette tâche complexe propose de montrer que ces augmentations sont complémentaires et coordonnées afin de répondre de manière adaptée à l'augmentation des besoins.

Les documents

Le **document 1** rappelle les différents paramètres physiologiques évoqués au cours du chapitre et leurs unités. Certains élèves pourront trouver utile de travailler à partir des unités.

Le **document 2** présente l'activité ventilatoire du sportif, au repos et lors d'un effort physique, à travers le débit et la fréquence ventilatoires en fonction du temps. Il s'agit ici de mesures réelles ; les valeurs moyennes des paramètres physiologiques doivent donc être évaluées (cette évaluation pourra être différente d'un élève à un autre).

Le **document 3** présente des mesures du taux de dioxygène dans l'air inspiré et expiré par le sportif. Elles permettent de calculer le pourcentage de dioxygène réellement prélevé au niveau des poumons au repos et lors d'un effort.

Le **document 4** indique la quantité de dioxygène présente dans les artérioles musculaires et dans les veinules musculaires au repos et lors d'un effort. Il permet donc de calculer la consommation des muscles dans ces deux conditions.

Le **document 5** fournit les valeurs du volume d'éjection systolique et de la fréquence cardiaque, au repos et lors d'un effort physique chez un sportif. Ces valeurs permettent de calculer les débits cardiaques dans les deux situations. Il est indiqué que le facteur d'augmentation du volume d'éjection systolique est de 1,7 ; il s'agit donc du VES à l'effort / VES au repos (120 / 70 = 1,7). Les autres facteurs d'augmentation seront donc calculés de la même manière.

Exemple de réponse attendue

Bilan de l'activité ventilatoire				
Paramètres	**Unités**	**Au repos**	**À l'effort**	**Facteur d'augmentation**
Fréquence ventilatoire	Mvt resp / min	15,0	40,00	2,67
Volume ventilatoire	L d'air / mvt resp	1,0	2,25	2,25
Débit ventilatoire	L d'air / min	15,0	90,00	6,00
Prélèvement d'O_2	%	4,0	5,50	1,20
Débit d'O_2 prélevé par la respiration	L O_2 / min	0,6	4,95	8,25

Bilan de l'activité cardiaque				
Paramètres	**Unités**	**Au repos**	**À l'effort**	**Facteur d'augmentation**
Fréquence cardiaque	batt / min	110	180	1,64
Volume d'éjection systolique	mL de sang / batt	70	1 120	1,70
Débit cardiaque	L de sang / min	7,7	21,6	2,80
Consommation d'O_2 par les muscles	mL O_2 / L de sang	50	150	3,0
Débit d'O_2 consommé par les muscles	mL O_2 / min	385	3 240	8,42

Conclusion

Les mesures et calculs montrent que le facteur d'augmentation du débit de dioxygène prélevé par la respiration de ce sportif est de 8,25 et que celui du débit de dioxygène consommé par ses muscles est de 8,42, c'est-à-dire du même ordre (les facteurs d'augmentation ne sont pas exactement les mêmes du fait des erreurs de mesures).

Lors de l'effort physique fourni par ce sportif, le dioxygène supplémentaire prélevé au niveau de ses poumons correspond donc bien à celui supplémentaire consommé au niveau de ses muscles. Ainsi ses activités respiratoire et cardiovasculaire sont bien complémentaires ; leurs augmentations sont coordonnées afin de répondre de manière efficace et adaptée aux besoins accrus de ses muscles.

CHAPITRE 3

La régulation nerveuse de la pression artérielle

ACTIVITÉ 1

Pression artérielle et fréquence cardiaque (p. 240-241)

Connaissances	Capacités et attitudes
La pression artérielle est une grandeur contrôlée par plusieurs paramètres (notamment par la fréquence cardiaque).	Recenser, extraire et organiser des informations. Communiquer dans un langage scientifiquement approprié.

1. Les intentions pédagogiques

Cette activité permet de définir la pression artérielle comme étant la pression exercée par le sang contre la paroi des artères. Elle s'inscrit également dans une démarche argumentative au cours de laquelle l'exemple des bêtabloquants permet de montrer que la réduction d'une tension anormalement élevée peut parfois être réalisée via une action cardiomodératrice. Le lien entre la pression artérielle et la fréquence cardiaque, définie précédemment comme un nombre de battements par minutes, est ainsi mis en évidence.

Le **document 1** permet d'expliquer la signification des valeurs de tension artérielle mesurées chez le médecin (exprimées le plus souvent en cm de mercure). Une fois le brassard gonflé, la circulation sanguine dans l'artère du bras est interrompue. Le brassard est ensuite dégonflé, ce qui rétablit progressivement la circulation sanguine. La première valeur indique la pression systolique (premier bruit audible dans le stéthoscope), la seconde valeur indiquant la pression diastolique (dernier bruit audible au stéthoscope).

Le **document 2** conforte l'idée d'un lien entre la pression artérielle et la fréquence cardiaque, par l'analyse de la corrélation entre les différentes mesures au cours d'une journée et d'une nuit. Ce document peut aussi servir de base pour introduire la notion de valeur de consigne, puisqu'on constate que la pression artérielle, que ce soit pour sa valeur maximale ou pour sa valeur minimale, varie autour de valeurs comprises dans un intervalle relativement étroit (la pression systolique étant ici d'environ 120 mmHg et la pression diastolique d'environ 80 mmHg pour la journée).

Le **document 3** apporte quant à lui les résultats d'une étude relative à l'action d'un bêtabloquant (le propanolol, qui inhibe la voie sympathique) sur la fréquence cardiaque d'un sujet en position debout. La première courbe faisant office de témoin, on constate la diminution de la fréquence cardiaque en présence du bêtabloquant : elle passe d'environ 80 battements par minute à moins de 60 battements par minute. Remarque : le bêtabloquant a également pour effet d'abolir les variations périodiques de la fréquence cardiaque qui sont visibles à cette échelle d'enregistrement (ces fluctuations périodiques dites « à court terme » traduiraient les variations du contrôle du système nerveux autonome sur le nœud sinusal).

2. Pistes de travail

Doc. 1 **La mesure de la pression artérielle à partir d'un tensiomètre**

En expliquant les mécanismes de la mesure de la pression artérielle, le **document 1** pose l'idée d'un lien entre pression artérielle et activité cardiaque. La pression artérielle est caractérisée par deux valeurs : une pression artérielle maximale qui correspond à la pression régnant dans les artères lors de la systole et une pression minimale qui correspond à la pression régnant dans les artères lors de la diastole.

Doc. 2 **La pression artérielle et la fréquence cardiaque mesurées au cours de la journée**

Le **document 2** montre que la fréquence cardiaque et la tension évoluent de manière conjointe et dans le même sens au cours de la journée. Une corrélation ne signifiant pas forcément lien de cause à effet, ces données peuvent donner lieu à la formulation d'hypothèses plutôt qu'à des déductions. Les élèves peuvent mettre en relation ces informations avec leurs connaissances, notamment sur le débit cardiaque qui augmente lors d'un effort physique (voir chapitre 2 activité 4). Il faudrait pouvoir disposer de mesures de la pression artérielle au repos et lors d'un exercice physique.

Doc. 3 **Des médicaments qui permettent de lutter contre l'hypertension**

Le **document 3** indique que les bêtabloquants sont utilisés pour lutter contre l'hypertension. Ainsi un sujet hypertendu sous traitement voit sa pression artérielle ramenée à la baisse. Le graphique montre que ces mêmes bêtabloquants réduisent la fréquence cardiaque. Le lien entre fréquence cardiaque et pression artérielle s'en trouve conforté.

3. Ressources complémentaires

- Logiciel « Pression Artérielle » (Pierron)
- Logiciel « Explorer le système cardiovasculaire » (Jeulin)
- Cédérom « La pression artérielle » (CNED)
- Sur le site de l'Académie de Nancy, la dissection de l'embryon de caille avec mise en évidence de l'automatisme cardiaque : http://www.ac-nancy-metz.fr/svt/enseign/svt/program/fichacti/fich2/automcoeur/accueil.htm
- Sur le site de l'Académie de Toulouse, présentation de l'automatisme cardiaque de l'embryon de poulet : http://pedagogie.ac-toulouse.fr/svt/serveur/lycee/lejay/coeur.htm

ACTIVITÉ 2 Le contrôle de la fréquence cardiaque (p. 242-243)

Connaissances	Capacités et attitudes
La pression artérielle est une grandeur contrôlée par plusieurs paramètres. Par exemple, il existe une boucle réflexe de contrôle de la fréquence cardiaque (dont la pression artérielle dépend par l'intermédiaire du débit) : – des capteurs (barorécepteurs) sont sensibles à la valeur de la pression artérielle ; – un centre bulbaire intègre les informations issues des barorécepteurs et module les messages nerveux en direction de l'effecteur (cœur) ; – les informations sont transmises du centre à l'effecteur par des nerfs sympathiques et parasympathiques.	Recenser, extraire et exploiter des documents historiques relatifs à des travaux expérimentaux pour construire et/ou argumenter la boucle de régulation nerveuse évoquée.

1. Les intentions pédagogiques

Le **document 1** est une preuve de l'automatisme cardiaque. Le cœur greffé n'établissant aucune connexion nerveuse avec le receveur, cela démontre que les battements automatiques du cœur sont indépendants du système nerveux.
Le fait que le cœur greffé batte plus vite chez le receveur qu'il ne battait auparavant chez le donneur permet de s'interroger sur des « influences externes » s'exerçant sur l'automatisme de cet organe.

Le **document 2** a pour but:

- de préciser que le système nerveux autonome est composé de deux ensembles, le système sympathique et le système parasympathique;
- d'indiquer que le cœur reçoit des fibres nerveuses appartenant à ces deux systèmes.

Les **documents 3** et **4** ont pour but de faire découvrir à l'élève le rôle de cette innervation dans l'adaptation du rythme cardiaque (et donc de la pression artérielle) à l'effort physique. Le **document 3** décrit des expériences de stimulation des fibres parasympathiques et sympathiques. On observe les conséquences des stimulations sur la fréquence cardiaque et la pression artérielle. Le **document 4** présente les variations d'intensité des messages nerveux dans les fibres sympathiques et parasympathiques cardiaques au cours d'un effort physique. L'intensité des messages n'est pas exprimée en variations de fréquence des potentiels d'action car, ni la notion de potentiel d'action, ni la notion de codage d'un message en fréquence de potentiels d'action ne sont au programme de Seconde.

2. Pistes de travail

Doc. 1 **Les conséquences d'une greffe de cœur**

Ce document permet d'émettre des hypothèses. Pour greffer un cœur, on est obligé de couper toutes les fibres nerveuses qui lui parviennent. Le cœur greffé n'établit aucune connexion nerveuse avec le receveur. En absence d'influence nerveuse, on constate que la fréquence cardiaque chez le receveur est plus élevée et qu'elle varie peu au cours de l'effort physique. On peut supposer que le système nerveux a une action permanente cardio-modératrice sur le rythme cardiaque.

Doc. 2 **Doc. 3** **et** **Doc. 4**

Ces documents permettent de tester les hypothèses.
Le cœur présente des relations anatomiques avec le bulbe rachidien par l'intermédiaire des fibres parasympathiques du nerf pneumogastrique (ou nerf X) et des fibres du nerf sympathique (**document 2**).

L'élève doit comprendre que la stimulation électrique a pour but de renforcer l'activité du nerf stimulé. Il peut alors conclure facilement:

- que les nerfs X ou nerfs pneumogastriques ont pour fonction de ralentir le cœur (on dit qu'ils sont cardio-freinateurs ou cardio-modérateurs);
- que les nerfs sympathiques ont pour fonction d'accélérer le cœur (on dit qu'ils sont cardio-accélérateurs) (**document 3**).

Pendant l'effort physique, l'intensité des messages nerveux parasympathiques est diminuée alors que, dans le même temps, l'intensité des messages sympathiques est augmentée. Le cœur accélère donc puisqu'il est soumis:

- à une influence cardio-freinatrice moins importante;
- à une influence cardio-accélératrice plus importante.

Bilan

Il est demandé à l'élève d'effectuer un bilan à partir des données de l'ensemble des documents. Il s'agit d'une mise en relation des données anatomiques et fonctionnelles permettant de comprendre la modulation de la fréquence cardiaque par le système nerveux.

L'élève peut choisir la forme d'un texte court ou d'un schéma qu'il pourra réutiliser dans l'activité suivante.

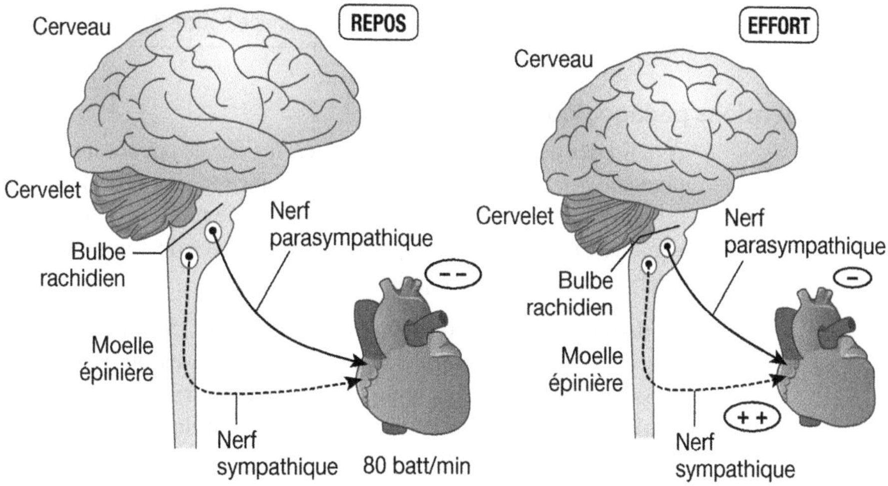

3. Ressources complémentaires

- Logiciel « Pression Artérielle » (Pierron)
- Logiciel « Explorer système cardiovasculaire » (Jeulin)
- Cédérom « La pression artérielle », édité par le CNED. Un exemple d'utilisation dans le cadre de ce programme sur le site de l'académie de Créteil : http://www.ac-creteil.fr/svt/cdromlog/PA_cned.htm
- Site ressources Bordas : www.bordas-svtlycee.fr
- Sur le site de l'académie de Nancy, la dissection de l'embryon de caille avec mise en évidence de l'automatisme cardiaque : http://www.ac-nancy-metz.fr/enseign/svt/program/fichacti/fiches2.htm
- Sur le site de l'académie de Toulouse, présentation de l'automatisme cardiaque de l'embryon de poulet : http://pedagogie.ac-toulouse.fr/svt/serveur/lycee/lejay/coeur.htm
- Sur le site de l'académie de Besançon, une animation flash permettant de moduler le rythme cardiaque (sections stimulation des nerfs innervant le cœur) : http://catice.ac-besancon.fr/SVT/act_ped/svt_lyc/second/regulation-cardiaque/
- Une vidéo un peu ancienne mais bien faite sur une greffe cardiaque : https://www.youtube.com/watch?v=gtcG7pIAEvo

ACTIVITÉ 3

Un contrôle réflexe de la pression artérielle (p. 244-245)

Connaissances	Capacités et attitudes
– La boucle de régulation contribue à maintenir la pression artérielle dans d'étroites limites autour d'une certaine valeur. – À l'effort, l'organisme s'écarte de cette situation standard.	Recenser, extraire et organiser des informations pour construire et/ou argumenter la boucle de régulation évoquée. Communiquer : élaborer un schéma fonctionnel pour représenter une boucle de régulation.

1. Les intentions pédagogiques

À la fin des deux activités précédentes, les élèves ont compris que la pression artérielle pouvait varier au cours d'un effort physique (en lien avec la fréquence cardiaque) mais qu'elle était toujours ramenée à une valeur de référence. Il s'agit donc d'une grandeur régulée. Cette activité doit permettre aux élèves de comprendre le mécanisme réflexe intervenant dans cette régulation.

Le **document 1** comporte une image médicale (Scanner 3D) permettant d'établir un lien entre une pression s'exerçant sur le sinus carotidien et une modification de la pression artérielle. Il est complété par une information identifiant les structures anatomiques : barorécepteurs du sinus carotidien, leur capacité à émettre des messages nerveux acheminés vers le bulbe rachidien, et le nerf impliqué dans leur conduction.

Le **document 2** décrit d'anciennes expériences réalisées chez un animal anesthésié. L'exploitation des résultats permet d'établir un lien entre l'activité des barorécepteurs des sinus carotidiens, l'activité du nerf de Hering, la fréquence cardiaque et la pression artérielle. Une partie de la boucle de régulation (récepteur, voie afférente, effecteur) est ainsi mise en place.

Le **document 3** permet de compléter la boucle de régulation. L'activité des nerfs parasympathique et sympathique (cf. activité précédente) varie en fonction de l'activité des barorécepteurs. La voie efférente est mise en place.

Le **document 4** est un schéma fonctionnel qui décrit la boucle de régulation nerveuse en précisant le rôle de chaque élément qui la compose. Le centre intégrateur est ici présenté comme la structure qui reçoit et traite les informations sensorielles pour produire les messages moteurs adaptés.

2. Pistes de travail

Cette activité est particulièrement propice au travail du schéma fonctionnel. Les exigences portent sur la forme et le fond.
La forme : soin, lisibilité du schéma ; présence d'un titre et de légendes ; représentation des structures et des effets (couleurs, symboles, flèches, signes).
Le fond (exactitude, intégralité, cohérence) : les résultats de chaque expérience doivent être pris en compte.

Doc. 1 et Doc. 2

Les barorécepteurs, reliés au nerf de Hering, sont sensibles aux variations de pression artérielle dans les sinus carotidiens ; l'activité du nerf de Hering est alors modifiée ; la fréquence cardiaque et la pression artérielle sont corrigées.

Doc. 3 **Activité nerveuse et fréquence cardiaque**

Dans le cas d'une augmentation de pression au niveau des barorécepteurs, l'activité du nerf de Hering est augmentée ainsi que l'activité du nerf X (cardio-modérateur) ; celle du nerf sympathique (cardio-accélérateur) est diminuée. La conséquence de l'ensemble de ces modifications est une diminution de la fréquence cardiaque d'où une diminution de la pression artérielle.

Doc. 4 **La notion de boucle réflexe de régulation**

Une mise en relation des informations de ces documents avec le modèle proposé dans le **document 4** amène à identifier les différents « acteurs » et paramètres mis en jeu. On peut aboutir à un schéma de ce type :

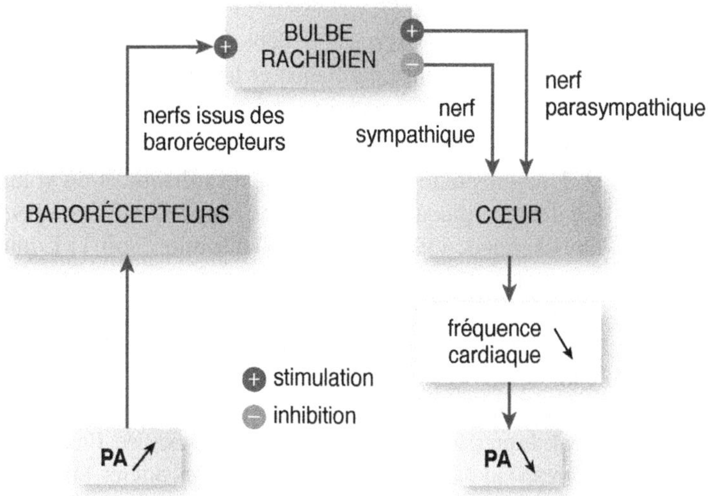

Le cas clinique du document 1

L'élève doit comprendre que la tumeur, en exerçant une pression sur les barorécepteurs carotidiens, induit une hypertension locale. La boucle de régulation corrige donc cette hypertension par une baisse de la fréquence cardiaque et donc une chute de la pression artérielle responsable des évanouissements répétés (liés à une baisse de l'irrigation cérébrale).

3. Ressources complémentaires

- Maquettes anatomiques : Jeulin, Pierron
- Observation de cellules de foie : http://www.didier-pol.net/2hepato.htm
- Cellules et échelles (« cells and scale ») : animation interactive (en anglais) partant d'un grain de café, jusqu'à un atome de carbone : http://learn.genetics.utah.edu/content/begin/cells/scale/
- La cellule animale (CNRS – Sagascience) : http://www.cnrs.fr/cw/dossiers/doscel/accueil2.htm
- Les modèles moléculaires utilisés dans cette activité sont téléchargeables sur le site ressources : http://www.bordas-svtlycee.fr
- Logiciels pour la visualisation de modèles moléculaires : http://www.librairiedemolecules.education.fr/outils/

La correction des exercices 1 à 3 figure dans le manuel page 281.

Exercice 4 Barorécepteurs et activité du nerf sensitif

Cet exercice peut être mis en relation avec le doc. 2 page 244. Il permet d'exploiter les résultats d'une expérience, présentés sous forme de graphe.
La réponse est **c** : la fréquence des influx augmente si la pression dans le sinus augmente.

Exercice 5 Exercice guidé : Pression artérielle et exercice physique

Cet exercice permet de mettre en relation l'ensemble des paramètres étudiés dans ce chapitre, en lien avec une activité physique.

1. Au cours de l'exercice, le débit sanguin du muscle squelettique est trois fois plus élevé. La fréquence cardiaque et le volume d'éjection augmentent de même que le débit cardiaque. La pression artérielle systolique augmente de 60 mmHg, la pression artérielle diastolique n'augmente pas.

2. L'augmentation de la fréquence cardiaque et du volume d'éjection explique celle du débit cardiaque. Le débit cardiaque DC = FC × VES.
À l'exercice : 130 × 85 = 11 050 $mL \cdot min^{-1}$ soit 11 $L \cdot min^{-1}$.
L'augmentation du débit cardiaque permet, en partie, une augmentation du débit sanguin au niveau des muscles au cours de l'exercice physique (voir le chapitre précédent).
La pression artérielle varie en fonction de différents paramètres dont la fréquence cardiaque. Au cours de l'exercice physique, la fréquence cardiaque augmente, d'où une élévation de la pression artérielle.
Seule la pression artérielle systolique est modifiée. En effet, la pression artérielle diastolique correspond à la pression du sang dans les artères lorsque le cœur est relâché (diastole).

Exercice 6 Influence de la position du corps sur la pression artérielle

1. Chez le sujet debout :
PAS cerveau = 120 – 37,5 = 82,5 mmHg.
PAS pied = 120 + 90 = 210 mmHg.

2. Chez la girafe : PAS cœur = 100 + 150 = 250 mmHg.

Exercice 7 Des paramètres agissant sur la pression artérielle

Les paramètres de la vie quotidienne qui semblent agir sur la pression artérielle sont en particulier le coucher et le lever, avec une diminution des pressions artérielles systolique et diastolique au moment du coucher et une augmentation au lever.
Les repas peuvent entraîner de légères modifications de même que l'activité au cours de la journée. Les pressions artérielles systolique et diastolique varient dans d'étroites valeurs au cours de la journée, elles sont toujours ramenées à des valeurs de référence. La pression artérielle est régulée.

Exercice 8 La double innervation cardiaque

1. Section du nerf X : augmentation du rythme cardiaque de 55 à 60 batt/min.
Section des nerfs sympathiques : diminution du rythme cardiaque de 5 à 20 batt/min.

2. Les nerfs X ont un rôle cadio-modérateur.
Les nerfs sympathiques ont un rôle cardio-accélérateur.

Exercice 9 Des nerfs participant à la régulation de la pression artérielle

La stimulation du nerf de Cyon entraîne une diminution de la pression artérielle générale. On sait que le nerf de Cyon est relié aux barorécepteurs situés dans la paroi des artères de la crosse aortique. Dans le cas d'une hypertension, l'activité du nerf est augmentée (cas représenté ici par la stimulation du nerf). Ce nerf envoie des informations au bulbe rachidien qui va stimuler le nerf X et inhiber le nerf sympathique. La fréquence cardiaque est donc ralentie d'où une diminution de la pression artérielle générale.

Tâche complexe

Des symptômes liés à une perturbation de la pression artérielle (p. 254-255)

Les intentions pédagogiques

Cette « tâche complexe » s'appuie sur les objectifs cognitifs de l'activité 3 : il existe une boucle réflexe de contrôle de la pression artérielle. Les élèves travaillent également leur capacité de communication sous forme de schéma fonctionnel. On comprend dans cette activité que le mécanisme impliqué fait intervenir d'autres paramètres que la fréquence cardiaque. Ces paramètres ne sont pas à retenir en tant que tels, mais ils permettent d'enrichir la boucle nerveuse construite dans l'activité 3, d'autant que le mécanisme de régulation de la pression artérielle ne sera pas complété dans les classes de Première ou de Terminale.

Les documents

Le **document 1** revient sur la situation-problème de l'activité, en précisant les observations cliniques réalisées sur les deux patients. Ces derniers (Martin et Éloïse) subissent en fait un choc hypovolémique (lié à une diminution du volume des liquides circulants) associé à une hypoperfusion tissulaire (diminution de l'irrigation des tissus). Les valeurs proposées pour les cas présentés sont évidemment simplifiées.

Le **document 2** sert de document de référence et apporte des valeurs de pressions artérielles et de fréquences cardiaques moyennes pour des adolescents de 16 ans. On peut alors constater que Martin et Éloïse présentent une hypotension ainsi qu'une tachycardie, ce qui peut paraître paradoxal, mais qui indique que le mécanisme normal de régulation est dépassé et que les patients nécessitent une aide médicale d'urgence. On peut prévoir une aide pour les élèves qui resteraient bloqués sur ce paradoxe. Les valeurs utilisées proviennent de la source suivante : *Pressure in children and adolescent, Pediatrics 2004,* 114 ; 555-57. D'autres pressions artérielles de référence sont disponibles dans les travaux de J.-L. André et al (*Néphrologie pédiatrique,* CHU de Nancy, Hôpital d'Enfants).

Le **document 3** apporte quant à lui des informations sur la volémie et sur l'importance de l'eau en tant que constituant majeur du plasma sanguin. Les élèves pourront trier ces informations et les mettre en relation avec l'état de déshydratation d'Éloïse.

Ils pourront également relever qu'il existe une relation entre le volume sanguin et la pression artérielle, par l'intermédiaire du débit cardiaque. Le lien entre débit cardiaque, volume d'éjection systolique et pression artérielle fait référence à des connaissances acquises dans le chapitre précédent.

Le **document 4** permet de compléter le modèle de la boucle de régulation de la pression artérielle qui a été construit dans l'activité 3 de ce chapitre, puisque l'on apprend que certains messages moteurs efférents agissent sur la vasoconstriction en périphérie du corps. Si le phénomène de vasomotricité est déjà connu des élèves pour être un système de redistribution préférentielle du sang aux muscles lors d'un effort physique (connaissances du chapitre 2), il est ici évoqué en tant qu'acteur de la boucle de régulation puisqu'il agit sur la pression artérielle en modifiant la résistance périphérique. L'expérience proposée permet de montrer sa connexion avec la voie sympathique du système nerveux : lorsque l'intensité des messages augmente, le diamètre des vaisseaux diminue, ce qui a tendance à renforcer la résistance périphérique et donc la pression artérielle. La diminution du flux sanguin est à mettre en relation avec la perte de coloration des tissus.

Source de l'étude dont sont issus les graphiques : *Response of arteriolar network of skeletal muscle to sympathetic nerve stimulation,* Matthew A. Boegehold and Paul C. Johnson, Department of Physiology, University of Arizona College of Medicine, Tucson, Arizona 85724. À noter que ce lien avait déjà été mis en évidence historiquement par Claude Bernard puis par Brown-Séquard en 1852.

Démarches possibles

Les documents doivent être mis en relation avec les connaissances pour montrer que ces deux cas cliniques mettent en jeu un même mécanisme de régulation (et ici de défense) de l'organisme : la boucle réflexe de régulation tend à s'opposer à une pression artérielle anormalement basse, même si ici ce mécanisme physiologique est manifestement dépassé, ce qui nécessite par conséquent une intervention des médecins.

Remarque : un retour sur l'activité 3 de ce chapitre peut permettre de revoir les connaissances nécessaires à la résolution de cette activité.

Le **document 1** peut servir à la formulation d'hypothèses explicatives dans le cadre d'une démarche d'investigation. Les deux premiers documents peuvent être directement mis en relation pour montrer l'état d'hypotension des deux patients (point de départ de la boucle réflexe) et leur fréquence cardiaque anormalement élevée (l'une des conséquences du mécanisme de régulation). Ensuite, le **document 3** peut permettre de faire le lien entre le volume sanguin et la pression artérielle : cette dernière étant définie comme une force s'exerçant contre l'intérieur de la paroi des vaisseaux, toute diminution du volume sanguin (que ce soit à cause d'une déshydratation dans le cas d'Éloïse ou d'une perte de sang pour Martin) entraîne une perturbation de la pression artérielle, et donc la détection de cette perturbation par les barorécepteurs qui sont à l'origine du réflexe. L'augmentation du rythme cardiaque est donc expliquée par ces trois premiers documents : il s'agit d'une tentative de réajustement d'une pression artérielle normale par le biais du contrôle de l'activité cardiaque. Enfin, les élèves doivent enrichir la boucle réflexe et expliquer la pâleur des deux patients avec le **document 4**. La vasoconstriction a tendance à concentrer le sang vers l'intérieur du corps, ce qui préserve les organes vitaux et augmente un peu la pression artérielle au détriment des organes périphériques.

Production attendue

Les élèves doivent réaliser un ou deux schémas en utilisant leurs connaissances et en adaptant leur production au contexte de l'activité (situation d'hypotension, vasomotricité en tant que facteur de régulation de la pression artérielle, double rôle des nerfs sympathiques). Ce ou ces schémas doivent être fonctionnels, c'est-à-dire indiquer la chronologie des évènements, les liens de cause à effets, etc.

Un exemple de schéma fonctionnel attendu :

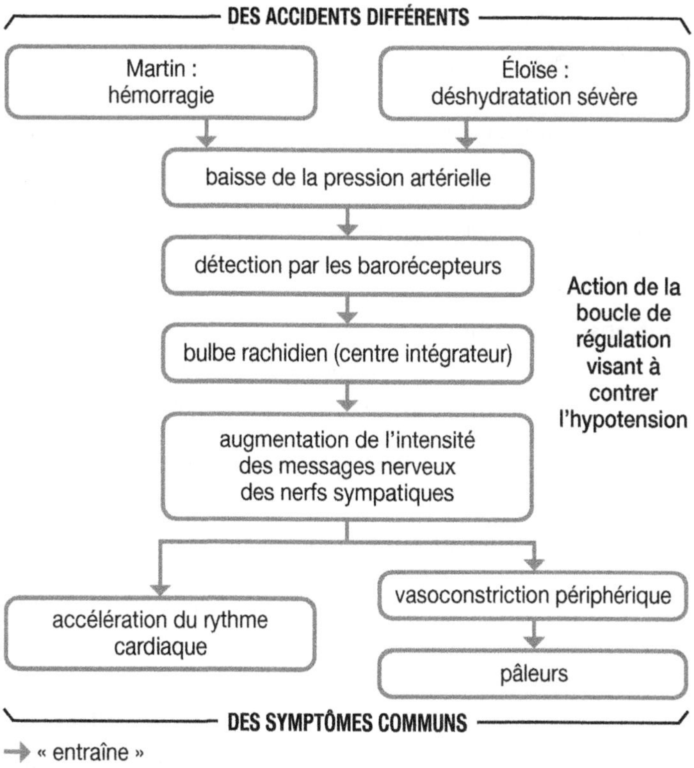

Remarque : on attirera l'attention des élèves sur le fait que cet exemple est bien sûr très simplifié : l'étiologie des chocs hypovolémiques peut impliquer plusieurs facteurs et évoluer avec le temps et l'état du patient. Le mécanisme de régulation est également simplifié puisqu'il fait par exemple abstraction de la régulation hormonale de la tension artérielle.

CHAPITRE 4

Pratiquer une activité physique en préservant sa santé

ACTIVITÉ 1

Un exemple d'articulation fragile : le genou (p. 258-259)

Connaissances	Capacités et attitudes
Les articulations constituent un système fragile qui doit être protégé. Les accidents musculo-articulaires s'expliquent par une détérioration du tissu musculaire, des tendons ou de la structure articulaire.	Recenser, extraire et interpréter des informations tirées de comptes rendus d'accidents musculo-articulaires (imageries médicales).

1. Les intentions pédagogiques

En lien avec les documents d'appel de la page 256, cette activité a pour objectif de mettre en relation l'anatomie et le rôle des différents éléments d'une articulation mobile. L'approche suggérée est de confronter entre elles des images médicales obtenues par radiographie et IRM, deux techniques bien connues du grand public. Puis quelques traumatismes liés à l'articulation du genou seront envisagés.

Le **document 1** vise à mettre en évidence trois types de constituants d'une articulation : os, ménisques et cavités synoviales ainsi que leurs caractéristiques. L'image provient d'un examen radiographique de l'articulation du genou en vue latérale, ici après insufflation d'un gaz (technique d'arthrographie gazeuse).

Le **document 2** obtenu par IRM complète utilement l'image précédente par son orientation de face. De plus, les ligaments sont visibles.

Le **document 3** présente deux exemples explicites d'accidents provoquant des traumatismes articulaires, torsion et hyper extension du genou.

Le **document 4** précise les observations précédentes et la nécessité d'une prévention des blessures articulaires est amorcée. L'illustration peut être une ouverture sur les méthodes de réparation des accidents articulaires. Par ailleurs, elle montre la proximité entre les propriétés mécaniques des tendons et des ligaments.

2. Pistes de travail

Doc. 1 et Doc. 2

Le tableau construit à partir de ces deux documents comportera les quatre éléments observés sur les images médicales : os, ligaments, ménisques et cavité synoviale. Les rôles de chaque élément, os mis à part, sont donnés dans le texte.

Doc. 3 et Doc. 4

Ces documents seront l'occasion de travailler les notions de causes (torsion, hyper extension du genou) et de conséquences (ruptures ligamentaires) encore difficiles à appréhender pour un élève de Seconde.

3. Ressources complémentaires

- Site qui explique de manière simple et accessible pour un élève de Seconde les techniques de radiologie et sa galerie de photographies permet d'observer divers traumatismes liés au squelette : http://www.info-radiologie.ch

ACTIVITÉ 2

Muscles et tendons mobilisent les articulations (p. 260-261)

Connaissances	Capacités et attitudes
Le muscle strié squelettique et les articulations constituent un système fragile qui doit être protégé. Les accidents musculo-articulaires s'expliquent par une détérioration du tissu musculaire, des tendons, ou de la structure articulaire. Au cours de la contraction musculaire, la force exercée tire sur les tendons et fait jouer une articulation, ce qui conduit à un mouvement.	Recenser, extraire et interpréter des informations tirées de comptes rendus d'accidents musculo-articulaires (imageries médicales). Manipuler, modéliser, recenser, extraire et organiser des informations et/ou manipuler (dissections, maquettes, etc.) pour comprendre le fonctionnement du système musculo-articulaire. Relier les caractéristiques de l'organisation du muscle aux manifestations d'un accident musculo-articulaire.

1. Les intentions pédagogiques

Dans la continuité de l'activité précédente, le rôle spécifique des muscles dans la mise en mouvement des articulations est mis en évidence, dans le but d'envisager les contraintes qu'ils subissent et les traumatismes qui peuvent en découler.

Le **document 1** suggère, par une dissection de patte antérieure, de modéliser le fonctionnement de l'articulation du coude. Ceci permet de mettre en place les notions de flexion/extension ainsi que celles de muscle extenseur/fléchisseur.

Le **document 2** présente une interprétation d'une dilacération de muscle. L'échelle microscopique montre que la solidité de l'ensemble du muscle dépend de celle de ses sous-unités, les fibres musculaires. Les déchirures musculaires ont lieu au niveau des bandes claires (plus précisément, les stries Z non visibles à cette échelle sont les zones de fragilité).

Le **document 3** apporte un complément d'information sur le travail musculaire que l'on conçoit classiquement comme un raccourcissement. En fait, le travail musculaire excentrique est plus susceptible de conduire à un traumatisme musculaire que le travail concentrique.

Le **document 4** propose d'estimer la force exercée sur un muscle en modélisant une articulation par un système de leviers. Si la notion de moment des forces n'est pas nécessairement connue, les valeurs choisies doivent permettre cependant de réaliser un calcul simple.

2. Pistes de travail

Doc. 1 Les rôles de deux muscles antagonistes de la patte antérieure de lapin

La rédaction d'un texte sur les notions de flexion et d'extension présentées dans ce document ne présente pas de difficultés après observation attentive des deux photographies. Le muscle 1 est un fléchisseur et le muscle 2 est un extenseur. Les conséquences de la contraction de chacun de ces muscles étant opposées, on les qualifie d'antagonistes.

Doc. 3 et **Doc. 4**

La mise en relation des **documents 3** et **4** précise la notion de contraction musculaire. Ici, le culturiste résiste afin de maintenir à bout de bras de lourdes charges : il s'agit donc d'une contraction excentrique. Si les charges sont remontées, la contraction du biceps brachial devient alors concentrique. Le calcul simple de la force exercée aboutit à une valeur de 10 N. Au niveau d'une articulation, les muscles relayés par des tendons actionnent des leviers qui ont pour effet de multiplier les forces auxquelles l'articulation est soumise. Ceci est une illustration de la notion de « bras de levier ».

ACTIVITÉ 3 Des comportements à adopter afin de préserver ses articulations (p. 262-263)

Connaissances	Capacités et attitudes
Des pratiques inadaptées ou dangereuses (exercice trop intense, dopage…) augmentent la fragilité du système musculo-articulaire et/ou provoquent des accidents.	Relier les caractéristiques de l'organisation du muscle aux manifestations d'un accident musculo-articulaire. Extraire et exploiter des informations pour : – comprendre la différence entre l'usage thérapeutique d'une molécule et l'usage détourné qui peut en être fait ; – comprendre l'effet sur la santé des sportifs d'une pratique de dopage ; – déterminer comment se livrer à un exercice physique dans de bonnes conditions de santé. Exercer sa responsabilité en matière de santé.

1. Les intentions pédagogiques

Cette activité s'intègre dans une démarche d'éducation à la santé. Les documents choisis concernent uniquement le tendon d'Achille afin de constituer un ensemble cohérent de données.

Le **document 1** permet d'observer par IRM l'anatomie du tendon d'Achille humain et de voir une rupture de ce dernier.

Le **document 2** propose une dissection simple et réalisable en classe. Ainsi, les élèves verront concrètement les muscles du mollet et le tendon d'Achille notamment.

Le **document 3** présente des informations utiles afin de ménager ses tendons d'Achille. Il s'agit de sensibiliser les élèves à la prévention globale du système articulo-musculaire en appliquant des conseils simples.

Le **document 4** fournit des données sur l'usage médical des produits utilisés dans le cadre du dopage et sur les conséquences de ces produits sur la santé. Certains effets pourront être ainsi mis en relation avec la rupture du tendon d'Achille.

2. Pistes de travail

L'analyse du **document 3** permet sans difficulté de prendre connaissance des conseils de prévention à mettre en application. Quant à celle du **document 4**, le lien entre le dopage à la Nandrolone et les fragilités tendineuses devra être fait.

Exercices

La correction des exercices 1 à 5 figure dans le manuel page 281.

Exercice 6 Éviter les lésions musculaires

1. Deux jours après un exercice de 70 contractions excentriques maximales, le taux de créatine kinase augmente de 100 à 2 300 $mU \cdot mL^{-1}$ en trois jours. Lorsque ces contractions ont lieu deux semaines après 20 contractions maximales, le taux de créatine kinase ne varie pas au cours du temps. Après 24 contractions maximales, l'augmentation du taux de créatine kinase est limitée à 500 $mU \cdot mL^{-1}$ en cinq jours.

Les dommages musculaires dus à l'exercice de 70 contractions peuvent être prévenus en effectuant un exercice de 24 contractions deux semaines auparavant.

2. Cette expérience montre clairement qu'un entraînement progressif permet d'éviter les lésions musculaires et suggère qu'un échauffement préalable avec des charges légères est aussi nécessaire avant de soulever des charges lourdes.

Tâche complexe

Petite conversation « musclée » entre amis (p. 266-267)

Les intentions pédagogiques

De nombreux lycéens sont attirés par la pratique de la musculation, et cette activité est actuellement très développée lors des cycles en EPS.
Si la contraction musculaire est essentiellement envisagée en classe de Seconde au niveau de l'organe, les fibres musculaires et leur raccourcissement synchrone ont été présentés. Cette tâche complexe a pour objectif d'aller plus loin dans la connaissance des fibres musculaires et de mettre en rapport ces connaissances avec le développement musculaire induit par la pratique de la musculation.

Les documents

Le **document 1** est un dialogue entre deux lycéens et leur « coach », un des deux lycéens s'étonnant de prendre moins de volume musculaire au niveau des biceps brachiaux. Il introduit la problématique à traiter lors de cette tâche complexe et montre la diversité des fibres musculaires. Il permet de faire le lien avec le **document 2** qui présente les trois types de fibres musculaires I, IIa et IIx ainsi que quelques-unes de leurs caractéristiques anatomiques et fonctionnelles essentielles. Le **document 3** est un graphique montrant les pourcentages possibles de fibres I dans quatre muscles dont les biceps brachiaux pour de nombreux individus. Enfin, le **document 4** apporte des informations concises mais essentielles sur la conversion possible d'un type de fibre en un autre.

Production attendue

Elle devra mentionner que l'un des deux lycéens, Antoine, possède des biceps moins développés que son ami Julien alors que leur morphologie est voisine et que l'entraînement qu'ils pratiquent est le même. Le problème est ainsi situé. La lecture du graphique du **document 3** suggère qu'Antoine doit posséder un pourcentage assez élevé de fibres I et que celui de Julien doit être plus bas, valeurs possibles de 38 à 60 %. Or, ces fibres I ont un petit diamètre. La première explication de cette faible prise de volume musculaire au niveau des bras réside dans le fait qu'Antoine possède naturellement beaucoup de fibres I et que leur faible diamètre va provoquer un volume initial des biceps plus modeste. En pratiquant la musculation, il développe le volume de tous les types de fibres mais comme il a peu de fibres IIx à gros diamètre, son volume musculaire demeure cependant inférieur à celui de son ami. Cela étant, la conversion possible des fibres IIa en fibres IIx lors d'une période de repos augmentera le nombre de ces dernières. Il pourra ainsi développer les fibres IIx nouvellement formées et augmenter plus encore le volume de ses biceps.

N° d'éditeur : 10210582 – Dépôt légal : juillet 2015

Achevé d'imprimer en juillet 2015
sur les presses numériques de l'Imprimerie Maury S.A.S.
Z.I. des Ondes – 12100 Millau
N° d'impression : G15/52626 N

Imprimé en France